essentials

essentials liefern aktuelles Wissen in konzentrierter Form. Die Essenz dessen, worauf es als „State-of-the-Art" in der gegenwärtigen Fachdiskussion oder in der Praxis ankommt. *essentials* informieren schnell, unkompliziert und verständlich

- als Einführung in ein aktuelles Thema aus Ihrem Fachgebiet
- als Einstieg in ein für Sie noch unbekanntes Themenfeld
- als Einblick, um zum Thema mitreden zu können

Die Bücher in elektronischer und gedruckter Form bringen das Expertenwissen von Springer-Fachautoren kompakt zur Darstellung. Sie sind besonders für die Nutzung als eBook auf Tablet-PCs, eBook-Readern und Smartphones geeignet. *essentials*: Wissensbausteine aus den Wirtschafts-, Sozial- und Geisteswissenschaften, aus Technik und Naturwissenschaften sowie aus Medizin, Psychologie und Gesundheitsberufen. Von renommierten Autoren aller Springer-Verlagsmarken.

Weitere Bände in der Reihe http://www.springer.com/series/13088

Patric U. B. Vogel · Günter A. Schaub

Seuchen, alte und neue Gefahren

Von der Pest bis COVID-19

 Springer Spektrum

Patric U. B. Vogel
Vogel Pharmopex24
Cuxhaven, Deutschland

Günter A. Schaub
Zoologie/Parasitologie
Ruhr-Universität Bochum
Bochum, Deutschland

ISSN 2197-6708   ISSN 2197-6716   (electronic)
essentials
ISBN 978-3-658-32952-5   ISBN 978-3-658-32953-2   (eBook)
https://doi.org/10.1007/978-3-658-32953-2

Die Deutsche Nationalbibliothek verzeichnet diese Publikation in der Deutschen Nationalbibliografie; detaillierte bibliografische Daten sind im Internet über http://dnb.d-nb.de abrufbar.

Planung/Lektorat: Stefanie Wolf
Springer Spektrum ist ein Imprint der eingetragenen Gesellschaft Springer Fachmedien Wiesbaden GmbH und ist ein Teil von Springer Nature.
Die Anschrift der Gesellschaft ist: Abraham-Lincoln-Str. 46, 65189 Wiesbaden, Germany

Was Sie in diesem *essential* finden können

- Eine Einführung in Infektionskrankheiten
- Die Darstellung der gesundheitlichen, sozialen und wirtschaftlichen Auswirkungen von Epidemien und Pandemien
- Eine Übersicht über Infektionskrankheiten, die immer noch schwere gesundheitliche Schäden verursachen, aber in Vergessenheit geraten sind
- Eine Übersicht aller Gruppen von Erregern, von Viren, über Bakterien bis hin zu Parasiten
- Parallelen von bestimmten Aspekten zu COVID-19

Inhaltsverzeichnis

Infektionskrankheiten sind ein ständiger Begleiter des Menschen. Es gibt eine schier unüberschaubare Anzahl von Viren, Bakterien, Pilzen und Parasiten, die Menschen befallen und krank machen, jedoch nur vergleichsweise wenige, die als echte Plage oder **Seuche** bezeichnet werden. Einige dieser Infektionskrankheiten hatten seit dem Altertum verheerende Auswirkungen auf menschliche Zivilisationen sowohl in gesundheitlichen als auch wirtschaftlichen und sozialen Bereichen. Neben den zwei bekanntesten Seuchen, der **Pest** und den **Pocken,** gab und gibt es eine Vielzahl von anderen, bedeutenden Infektionskrankheiten wie Cholera, Typhus, Tuberkulose oder Malaria.

In früheren Jahrhunderten, in einer Zeit, in der medizinische und wissenschaftliche Erkenntnisse kaum vorlagen, waren die Menschen diesen **Seuchen** fast hilflos ausgeliefert. Es waren vor allem drei wichtige Errungenschaften der modernen Zivilisation, **Hygiene,** Medikamente wie **Antibiotika** und **Impfstoffe,** die dazu beitrugen, dass viele dieser Infektionskrankheiten in Ihrer Bedeutung abnahmen. Eine verbesserte Hygiene (Körperpflege, sauberes Trinkwasser, Abwasser- und Müllentsorgung) führte zu einem starken Rückgang von bakteriellen Infektionskrankheiten wie z. B. der **Pest,** Cholera und Typhus. Trotzdem sind diese Infektionskrankheiten nicht ausgerottet. Es gibt immer wieder Neuinfektionen, gerade in ärmeren Regionen, in denen Hygiene-Standards, wie wir sie kennen, nicht umsetzbar sind. Diese Infektionskrankheiten können heutzutage v. a. mit Antibiotika gut behandelt werden. Trotzdem ist die von Mensch-zu-Mensch übertragbare **Tuberkulose** immer noch ein großes medizinisches Problem und das trotz der Impfstoffe, die seit ca. 100 Jahren verfügbar sind. Im Gegensatz zu vielen bakteriellen Erkrankungen brauchte es bei den Pocken Impfstoffe, um sie auszurotten. Auch viele andere virale Infektionskrankheiten werden durch einen breitflächigen Einsatz von Impfstoffen unter Kontrolle gehalten, wie Masern oder

© Der/die Autor(en), exklusiv lizenziert durch Springer Fachmedien
Wiesbaden GmbH, ein Teil von Springer Nature 2021
P. U. B. Vogel und G. A. Schaub, *Seuchen, alte und neue Gefahren,* essentials,
https://doi.org/10.1007/978-3-658-32953-2_1

Poliomyelitis (Kinderlähmung). Während in früheren Zeiten eher die bakteriell verursachten Infektionskrankheiten im Vordergrund standen, sind es heutzutage vor allem virale Erreger, die neue Krankheiten verursachen. Hierzu zählen AIDS, Ebola, SARS oder **COVID-19.**

Eine Sonderstellung nehmen die großen Tropen-Parasitosen ein, wie z. B. **Leishmaniosen, Chagas-Krankheit, Afrikanische Schlafkrankheit** und **Malaria,** Die verursachenden Parasiten haben in der Evolution hochkomplexe Lebenszyklen entwickelt und werden durch Insekten (Vektoren) übertragen. Aus diesem Grund haben Hygiene-Maßnahmen nur einen begrenzten Einfluss auf die Verbreitung dieser Erkrankungen. Die Komplexität der Parasiten hat auch die Impfstoffentwicklung bis heute vor eine unlösbare Aufgabe gestellt. Gegen keine dieser Tropenparasitosen gibt es effektive Impfstoffe, und auch die medikamentöse Behandlung ist ungenügend. Andere Ansätze, wie die Bekämpfung der Überträger, wirkten nur temporär. Zumindest eine bedeutende Tropenparasitose, die Afrikanische Schlafkrankheit, steht durch massive Anstrengungen bei der Vektorbekämpfung, Aufklärung, Diagnose und Behandlung infizierter Personen kurz vor der Ausrottung.

Ähnlich wie einige Parasiten-Erkrankungen leben in den letzten Jahren und Jahrzehnten virale Infektionskrankheiten wieder auf, vor allem solche, die durch Stechmücken übertragen werden. Beispiele wie **Gelbfieber** und **Dengue-Fieber** sind ein Mahnmal, dass Klimaveränderungen und die dadurch bedingte Vergrößerung des Ausbreitungsgebiets der Vektoren eine weltweite Zunahme von Infektionsfällen verursachen. Aber auch relativ neue Viren können ein Pandemie-Potential entwickeln, wie z. B. das durch Stechmücken übertragene Zika-Virus.

Neben den Klimaveränderungen gibt es aber auch weitere Faktoren, die das Auftreten neuer **Infektionskrankheiten** begünstigen. Die stark wachsende Erdbevölkerung und das fortschreitende Eindringen in Lebensräume von Tieren erhöhen ebenfalls das Risiko von neuen Infektionskrankheiten. Viele Viren sind **zoonotisch,** d. h. sie können unter gewissen Umständen von Tieren auf den Menschen übertragen werden. Durch die Bewirtschaftung der Wildtierhabitate und den erhöhten Kontakt mit Wildtieren durch Jagd, Verarbeitung, Handel und Verzehr sind schon zahlreiche Viren auf den Menschen übergesprungen. **AIDS, Ebola, SARS** und **COVID-19** sind Beispiele für virale Infektionskrankheiten, die wahrscheinlich von Tieren auf den Menschen übertragen wurden. Während in früheren Zeiten die Ausbreitung nach so einem Übertragungsereignis schleppend und langsam verlief, verbreiten weitere begünstigende Faktoren, die starke Mobilität und **Globalisierung,** einige dieser neuen Erreger in Windeseile auf der ganzen Welt.

In diesem Essential wird die Historie von **Infektionskrankheiten** dargestellt, von der **Pest** bis zu **COVID-19.** Dabei werden biologische Grundlagen, historische Fakten und interessante Anekdoten bis hin zu neuesten Erkenntnissen beschrieben.

- Vergessene Seuchen: Pest, Pocken, Spanische Grippe, Masern, Poliomyelitis und Diphtherie
- Latent vorhandene Seuchen: Cholera und Typhus
- Dauerseuchen: Tuberkulose und Virushepatitis
- Akute Seuchen: Dengue-Fieber und Gelbfieber
- Tropenparasitosen: Leishmaniose, Chagas-Krankheit, Afrikanische Schlafkrankheit und Malaria
- Neue Seuchen: Ebola, AIDS, Zika, SARS und COVID-19

Die Bedeutung von **Infektionskrankheiten** in der öffentlichen Wahrnehmung wird vorwiegend durch die Medien geprägt. Neue Infektionskrankheiten haben einen besonderen Reiz, da viele Aspekte unklar sind. Hierzu gehören Fragen wie: Hat diese neue Seuche das Potenzial, unser Gebiet zu erreichen? Wie gefährlich ist die Erkrankung? Diese Unsicherheit bewirkt meistens eine starke Medienpräsenz, was aber nicht unbedingt die gesundheitliche Bedeutung widerspiegelt. Bei lange präsenten Seuchen würde eine jahrzehntelange, tägliche Berichterstattung darüber zu einem Desinteresse führen. Deshalb sind einige der größten Seuchen in Medienberichterstattungen stark unterrepräsentiert. Ein gutes Beispiel bilden **Hepatitis B** und **Ebola.** Sofern wir eine Umfrage unter Bürgern machen würden, wären die Autoren nicht überrascht, dass Ebola als schlimmere Seuche eingestuft werden würde. Die Realität sieht anders aus. Es gibt weltweit eine halbe Milliarde Menschen, die mit dem Hepatitis B- oder C-Virus infiziert sind, aber nur wenige zehntausend Menschen, die in den letzten 10 Jahren an Ebola erkrankten. Der Gesamtbelastung ist bei den verschiedenen Formen der Virushepatitis viel höher. Nach Schätzungen der **WHO** sterben jährlich bis zu 1,5 Mio. Menschen in Folge einer Virushepatitis (WHO 2020a). Trotzdem erscheint vielen Hepatitis als unscheinbar und kalkulierbar, während Ebola in der öffentlichen Wahrnehmung aufgrund der schlimmen Krankheitssymptome und der hohen Fallsterblichkeitsrate als grauenvolle Seuche empfunden wird.

Leider können wir in diesem Buch nicht alle wichtigen Infektionskrankheiten behandeln. Beispiele für Krankheiten, die wir nicht einbezogen haben, sind z. B. Lepra, Syphilis, Wundstarrkrampf, Tollwut, Pertussis (Keuchhusten) und bakteriell verursachte Lungenentzündungen. Um den Rahmen des Buches nicht zu sprengen, musste eine Auswahl getroffen werden.

Vergessene Seuchen 2

2.1 Pest

Die **Pest** gehört zu den größten und bedeutsamsten **Seuchen** der Menschheitsgeschichte. Der Erreger ist das Bakterium *Yersinia pestis,* das von Flöhen übertragen wird. Molekularbiologischen Analysen zufolge entstand der Erreger *Yersinia pestis* bereits vor ca. 6000 Jahren durch Mutationen aus einem Vorläufer-Bakterium. Die ältesten Nachweise von *Yersinia pestis* stammen von Skeletten aus dem Bronze-Zeitalter (3000 bis 1200 v. Chr.) (Glatter und Finkelman 2020). Die Pest war und ist eine akut verlaufende Infektionskrankheit, die mit hohem Fieber einhergeht und innerhalb einer Woche häufig tödlich endet. Sie wütete überall auf der Welt, mit einer Sterblichkeitsrate von 60 % und forderte Schätzungen zufolge weltweit mind. 200 Mio. Todesopfer. Heutzutage ist sie nicht gänzlich verschwunden, führt aber nur noch ein Schattendasein und ist in nur noch wenigen Ländern wie z. B. Madagaskar und Mongolei endemisch. Das Bakterium hält sich selbst in Amerika in sog. Reservoiren, bestimmten Wildtieren, und deren Flöhen und verursacht vereinzelt Krankheitsfälle (Glatter und Finkelman 2020). Eine andere Art der Bakteriengattung *Yersinia* hat heutzutage noch eine wichtige medizinische Bedeutung. Nach Salmonellen und *Campylobacter*-Arten ist *Yersinia enterocolitica* die dritthäufigste Ursache infektiöser Magen-Darm-Erkrankungen beim Menschen in Europa (Saraka et al. 2017).

Die Übertragung der Pest-Bakterien erfolgt primär über **Rattenflöhe.** Diese nehmen die Bakterien beim Blutsaugen an *Yersinia pestis*-infizierten Ratten auf. Wenn in der Rattenkolonie viele Tiere sterben, gehen die Rattenflöhe auch auf den Menschen über, an dem sie dann ebenfalls Blut saugen. Im vorderen Verdauungstrakt des Rattenflohs kommt es zu einer starken Vermehrung der Bakterien.

© Der/die Autor(en), exklusiv lizenziert durch Springer Fachmedien Wiesbaden GmbH, ein Teil von Springer Nature 2021
P. U. B. Vogel und G. A. Schaub, *Seuchen, alte und neue Gefahren,* essentials, https://doi.org/10.1007/978-3-658-32953-2_2

Durch diese Verstopfung erbricht der Rattenfloh in die Stichwunde, wodurch die Bakterien in den Wirt gelangen. An der Anstichstelle entwickelt sich meist eine Beule, was auch zur Bezeichnung Beulenpest geführt hat (Abb. 2.1). Die hohe Letalität resultiert aus der von der Eintrittsstelle ausgehenden starken Ausbreitung der Bakterien im Körper (Gonzalez und Miller 2016). Die Übertragung von *Yersinia pestis* durch Flöhe wurde wahrscheinlich durch Mutationen ermöglicht. Das Vorläufer-Bakterium *Yersinia pseudotuberculosis,* aus dem der Pest-Erreger vor ca. 6000 Jahren entstand, verursacht Magen-Darm-Erkrankungen. Es wird durch kontaminierte Nahrung und Wasser aufgenommen, aber nicht durch Flöhe übertragen. Nach experimenteller Infektion schädigt bzw. tötet es die Flöhe. Dafür ist ein bestimmtes Enzym verantwortlich. In *Yersinia pestis* ist das Enzym aufgrund von Mutationen nicht mehr aktiv, wodurch Flöhe zu effizienten Überträgern wurden (Chouikha und Hinnebusch 2014).

Neben diesem Zyklus (Rattenfloh – Mensch – Rattenfloh – Mensch) gibt es noch weitere Übertragungswege wie z. B. die Übertragung durch **Tröpfcheninfektionen.** Diese Übertragung ist möglich, nachdem *Yersinia pestis* in die Lunge eingewandert ist (Lungenpest) und in der Folge ausgehustet wird. Bei dieser Form werden keine Flöhe als Überträger mehr benötigt, da die Übertragung direkt von Mensch-zu-Mensch erfolgt. Diese Übertragung war auch verantwortlich für bestimmte Ausbrüche der **Pest** in Amerika, bei denen sich Besitzer an infizierten Katzen ansteckten.

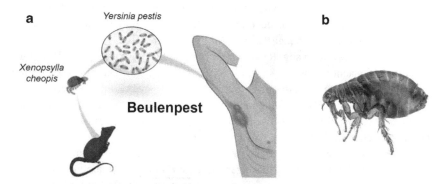

Abb. 2.1 Übertragungszyklus der Beulenpest (A). (Quelle: Adobe Stock, Dateinr.: 128591887, modifiziert; *Yersinia*-Bakterien, Quelle: Adobe Stock, Dateinr.: 251865875, modifiziert) und vergrößerte Abbildung eines Flohs (B) (Quelle: Adobe Stock, Dateinr.: 251865875)

Es traten drei große **Pest-Pandemien** auf, die sog. **Justinianische Pest,** die im 6. Jahrhundert begann, der sog. **Schwarze Tod,** der im 14. Jahrhundert begann und die dritte Pandemie zum Ende des 19. Jahrhundert, wobei alle Pandemien von verschiedenen *Yersinia pestis*-Stämmen verursacht wurden (Bramanti et al. 2019). Bezüglich der Frage, ob die Justinianische Pest wirklich durch den Erreger *Yersinia pestis* verursacht wurde, gab es erhebliche Zweifel und viele wissenschaftliche Diskussionen (Zietz und Dunkelberg 2004). Hier belegen jedoch neuere Analysen von Skeletten aus dieser Zeit, dass es sich wirklich um *Yersinia pestis* handelte (Harbeck et al. 2013). Der Schwarze Tod (auch als Beulenpest bezeichnet) kostete allein in Europa 25 Mio. Menschen das Leben, wobei die Seuche über Jahrhunderte immer wieder in Form von Epidemien aufflammte (Glatter und Finkelman 2020). Neuere genetische Studien legen hierbei nahe, dass der Schwarze Tod durch ein einzelnes Ergebnis in Europa eingeschleppt wurde und dort über Jahrhunderte, mit Phasen der Ruhe, Epidemien verursachte und sich von dort auch nach Asien ausbreitete (Spyrou et al. 2016). Menschenflöhe sollen maßgeblich die Pest-Bakterien in dieser Pandemie übertragen haben (Dean et al. 2018).

Die **dritte Pandemie** hatte ihren Ursprung in China und verbreitete sich ebenfalls weltweit (Bramanti et al. 2019). Von 1898 bis 1918 sollen allein in Indien über 10 Mio. Menschen an der **Pest** gestorben sein. Die dritte Pandemie war auch die Zeit, in der der Erreger *Yersinia pestis* isoliert und die Übertragung durch Rattenflöhe belegt wurde. Die große Pest-Epidemie von Hongkong im Jahr 1894 wurde von dem Japaner Shibasaburo Kitasato und dem schweizerisch-französischen Arzt **Alexandre Yersin** unabhängig voneinander untersucht. Beide fanden ein neues Bakterium. Interessanterweise gab es einen jahrzehntelangen Diskurs, wer der rechtmäßige Entdecker war. Letztlich zeigte sich, dass die Bakterien-Kulturen des Japaners wahrscheinlich durch andere Bakterien kontaminiert waren, wodurch die Entdeckung Alexandre Yersin zugeschrieben wurde, nach dessen Nachnamen das Bakterium letztlich in den 1970er Jahren benannt wurde (Zietz und Dunkelberg 2004).

Ein charakteristisches Bild zu Zeiten des **Schwarzen Todes** war in einigen Regionen wie Italien das Erscheinungsbild der sog. Pest-Ärzte, die besondere Gesichtsmasken mit langer Nase trugen (Abb. 2.2). Die Nase war gefüllt mit Duftstoffen. Diese Praxis sollte in Zeiten, in denen die Erreger und Übertragungswege unbekannt waren, die Krankheit und vermutlich auch den Verwesungsgeruch der Leichen fernhalten.

Der Schrecken vor dieser Krankheit führte auch zur Bildung des Begriffs **Quarantäne,** die in Zeiten von **COVID-19** viele unter uns zumindest zeitlich begrenzt betroffen hat. Der Ursprung geht zurück ins 14. Jahrhundert. Die italienische Hafenstadt Venedig wurde mit geschätzt 100.000 Toten besonders hart vom

Schwarzem Tod getroffen (Zietz und Dunkelberg 2004). Als Schutz vor der Ein-
schleppung mussten einlaufende Schiffe 40 Tage vor dem Hafen ankern, bevor die
Besatzung an Land gehen durfte. Damit wollte man erreichen, dass die Krankheit
nicht an Land kam, sofern Besatzungsmitglieder die **Pest** hatten. Da das italienische Wort für die Zahl 40 quaranta ist, wurde hieraus der uns allen bekannte
Begriff Quarantäne (CDC 2020a).

In dieser Zeit, die von Unkenntnis bezüglich der Ursache geprägt war, wurden
vielerorts Juden für die Pest verantwortlich gemacht. Ihnen wurde nachgesagt,
dass sie absichtlich die **Pest** verbreiteten. Es kam zu zahlreichen Übergriffen auf
jüdische Siedlungen. Die Verleumdung von Minderheiten ist wohl ein generelles
Problem, da auch in der Anfangszeit von COVID-19 zu Beginn 2020 vieles unklar
war und häufig Asiaten für die Erkrankung verantwortlich gemacht und teilweise
in der Öffentlichkeit angefeindet wurden (Glatter und Finkelman 2020).

Anders als die im nächsten Abschnitt besprochenen **Pocken** ist die **Pest**
nicht durch Impfstoffe eingedämmt worden. Stetige Verbesserungen der Hygiene,
einschließlich festen Wohnungsbauten, unterirdischer Abwasserentsorgung sowie
einer zentralen Müllentsorgung, haben in Kombination mit einer regionalen
Bekämpfung der Rattenpopulationen zu einer niedrigeren Kontaktrate zwischen
Menschen und Ratten geführt. Heute treten Ratten nur sehr selten in menschlichen Wohnungen auf. Zudem trägt nicht jede Ratte **Rattenflöhe** und nicht
jeder Rattenfloh ist Träger von *Yersinia pestis.* Die Pest ist zudem heutzutage
gut mit Antibiotika wie Streptomycin behandelbar, muss allerdings sehr schnell
diagnostiziert werden.

2.2 Pocken

Die **Pocken**-Erkrankung war neben der Pest die bedeutsamste Seuche der jüngsten Menschheitsgeschichte. Der Erreger der Pocken ist ein Virus, das Variola-Virus. Diese Infektionskrankheit hat ähnlich wie die Pest ihre Wurzeln lange vor der uns bekannten Zivilisation. Vermutlich existiert die Pocken-Erkrankung ungefähr seit 10.000 v. Chr (Riedel 2005). Die Pocken wurden direkt von Mensch-zu-Mensch übertragen. Nach einer durchschnittlichen Inkubationszeit von 10–14 Tagen waren Fieber sowie Kopf- und Gliederschmerzen typische frühe Symptome. Darauf folgten Ausschläge auf der Zunge und im Mundraum, bei denen sich Eiterbläschen bildeten, die sich öffneten und große Mengen Virus ausschieden. Der Ausschlag breitete sich dann erst im Gesicht und dann rasch auf dem ganzen Körper aus (CDC 2016). Die Letalitätsrate der Pocken lag bei ca. 30 % (Sánchez-Sampedro et al. 2015).

Die **Pocken** ebneten den Siegeszug der Spanier in Südamerika. Die eingeschleppten Pocken (und andere europäische Infektionskrankheiten) töteten Millionen der Ureinwohner und trugen wesentlich zum Untergang der einst mächtigen Kulturen bei (Focus Online 2015). Im 18. Jahrhundert starben Schätzungen zufolge in Europa ca. 400.000 Menschen pro Jahr und ein Drittel der Überlebenden blieb für den Rest des Lebens blind (Riedel 2005). Bis zur Ausrottung der Pocken geht man weltweit von ca. 500 Mio. Toten aus (Smith 2013). In Unkenntnis der Übertragung gab es verschiedene Maßnahmen, um die Pocken fernzuhalten. Zum Beispiel war es eine übliche Praxis, Briefe zu desinfizieren, da verschiedene Ausbrüche auf einen Eintrag durch Briefe zurückgeführt wurden. Dieses Vorgehen wurde bereits zur Abwehr der Pest eingesetzt (Ambrose 2005).

Neben den verheerenden Auswirkungen nehmen die **Pocken** eine Sonderstellung ein, da sie bisher die einzige vollständig ausgerottete humane Infektionskrankheit ist. Dies wurde durch massive Maßnahmen der Infektionskontrolle erreicht, einschließlich weltweiter **Impfkampagnen.** Die letzte natürliche Pocken-Erkrankung trat 1977 in Somalia auf (Kiang and Krathwohl 2003). Im Jahre 1980 erklärte die WHO die Pocken schließlich für ausgerottet (Sánchez-Sampedro et al. 2015). Die Möglichkeit, die weltweiten Pocken-Impfkampagnen zu beenden, war ein großer Durchbruch, da die Impfungen jährlich Kosten von 1 Mrd. US$ verursachten (Arita and Breman 1979).

Die Errungenschaft der Pocken-Impfung geht auf den englischen Arzt **Edward Jenner** zurück (Abb. 2.3). Zu dieser Zeit wurde die **Variolisierung** praktiziert, also die Inokulation von gesunden Menschen mit wenig Pockenmaterial aus kranken Menschen. Dies führte jedoch häufig zu schweren Erkrankungen Jenner

Abb. 2.3 Portrait von Edward Jenner. (Quelle: Adobe Stock, Dateinr.: 32211100)

verfolgte eine andere Strategie. Er verabreichte einem Jungen eine Kuhpocken-Suspension und infizierte diesen später mit dem gefährlichen Pocken-Virus. Seine Annahme beruhte auf der Beobachtung, dass Milchmägde nicht an Pocken erkrankten. Stattdessen wiesen sie häufig milde Formen der Kuhpocken auf. Daraus schlussfolgerte Jenner, dass ein Kontakt mit dieser verwandten Krankheit einen Schutz gegen die echten Pocken bot. Diese Annahme bestätigte sich, da der Junge nicht erkrankte. Für diese frühen, 1798 publizierten Pionier-Arbeiten, wird Edward Jenner als **Vater der Immunologie** bezeichnet (Riedel 2005), obwohl das Prinzip in ähnlicher Form bereits früher praktiziert wurde (Greenwood 2014). Da das Ausgangsmaterial, das er dem Jungen injizierte, aus Kuhpocken stammte, etablierte sich der Begriff Vakzinierung (vacca ist der lateinische Begriff für

Kuh). Es dauerte aber noch einige Zeit, bis die sog. **Vakzinierung** die damals vorherrschende Variolisierung vollständig verdrängte.

Der letzte bekannte Todesfall der **Pocken** erinnert an ein hollywoodreifes Drama, kann aber als Sinnbild für das immense Leid dienen, dass die Erkrankung über die Menschheit brachte. Nach der letzten natürlichen Infektion in Somalia kam es zu einer Pocken-Erkrankung durch einen Laborunfall. Die Medizin-Fotografin Janet Parker arbeitete in einem Krankenhaus in Birmingham ein Stockwerk über einem Labor, in dem Experimente mit dem Pockenvirus durchgeführt wurden. Als Janet Parker schwer erkrankte, wurde zur Verwunderung der behandelnden Ärzte eine Pocken-Infektion festgestellt. Die genaue Ursache wurde nie zweifelsfrei ermittelt, jedoch wurde eine Aerosolübertragung durch einen Luftschacht vermutet, der vom Pocken-Labor an Ihrem Arbeitsplatz vorbeiführte. Sie verstarb an dieser Erkrankung, war aber nicht das einzige Opfer. Sie infizierte vor der Einweisung ins Krankenhaus ihre Mutter, die auch erkrankte, jedoch überlebte. Allerdings brach ihr Vater bei einem Besuch am Bett seiner Tochter zusammen und verstarb. Zudem wurde der zuständige Laborleiter von der Presse verteufelt. Ihm wurde schwerwiegendes Fehlverhalten vorgeworfen. Letztlich nahm sich der Laborleiter aus Verzweiflung das Leben, wodurch der letzte Pocken-Fall nur zwei Infektionen, aber drei Todesopfer verursachte (Tagesspiegel 2018).

Ein großer Unterschied zwischen den **Pocken** und **COVID-19** ist die Ausbreitungsgeschwindigkeit der Erkrankung. Während COVID-19 sich in Abwesenheit von Schutzmaßnahmen sehr schnell zwischen Menschen verbreitet, verlief die Pocken-Übertragung langsamer. Aus diesem Grund konnten Menschen einer Gemeinschaft nachgeimpft werden, wenn die ersten Pocken-Infektionen auftraten. Beispiele für die erfolgreiche Bekämpfung sind diverse Städte, in denen zu Beginn bzw. Mitte des 20. Jahrhunderts die Pocken ausbrachen, wie z. B. Liverpool und Edinburgh. Hier wurden die Ausbrüche durch intensive Bekämpfungsmaßnahmen wie die Isolierung von Kranken und Kontaktpersonen sowie die massive Impfung der restlichen Bevölkerung nach einiger Zeit unter Kontrolle gebracht (Kerrod et al. 2005).

Eine Besonderheit des Virus ist, dass die damaligen Impfstoffe gegen die **Pocken** heutzutage als Grundgerüst, sog. **Vektoren,** gegen viele andere Infektionskrankheiten erprobt werden (Sánchez-Sampedro et al. 2015). Die Idee hierbei ist es, bestimmte genetische Informationen von anderen Krankheitserregern in das Virusgenom der Pocken-Impfstämme einzubauen. Nach Verabreichung des Impfstoffs werden im Körper sowohl Pockenvirus-Proteine als auch diese zusätzlichen Proteine gebildet. Diese werden vom Immunsystem als fremd erkannt und führen so zur Immunität gegen den anderen Erreger. Derzeit gibt es eine

Handvoll Impfstoff-Ansätze gegen **COVID-19** unter Verwendung von Pocken-Impfstämmen, wobei erst nach Abschluss der klinischen Testphasen eine Aussage über deren Eignung getroffen werden kann (Vogel 2020a).

2.3 Spanische Grippe

Die **Spanische Grippe** ist eine weitere vergessene Seuche, die wegen ihrer Bedeutung im gleichen Atemzug mit der Pest und den Pocken genannt werden muss. Kaum eine andere Seuche, mit Ausnahme von **COVID-19,** hat in einer so kurzen Zeit so verheerende Auswirkungen gehabt. Die Spanische Grippe wird als das tödlichste Ereignis in der Menschheitsgeschichte angesehen (Morens und Taubenberger 2018). Interessanterweise wird diese Seuche in Zeiten von COVID-19 immer wieder durch die Vergleiche von medizinische Fachexperten und Journalisten in Erinnerung gerufen. Die Spanische Grippe war eine **Grippe-Pandemie,** verursacht durch ein Influenza A-Virus vom Subtyp H1N1. Die Bezeichnung H1N1 beschreibt die Zusammensetzung von zwei Oberflächenproteinen des Viruspartikels, dem Hämagglutinin (H) und der Neuraminidase (N). Es gibt 18 H-Typen und 11 N-Typen, die in Kombination miteinander auftreten können. So ist die gefährliche Vogelgrippe ein Influenza A-Stamm vom Typ H5N1 (Webster und Govorkova 2014). Die Spanische Grippe breitete sich zum Ende des **Ersten Weltkriegs** auf der ganzen Welt aus und forderte in den Jahren 1918 und 1919 geschätzt 50–100 Mio. Tote (Morens und Taubenberger 2018), wobei ca. ¼ bis zur Hälfte der damaligen Weltbevölkerung von ca. 2 Mrd. Menschen infiziert wurde.

Der erste gut dokumentierte Ausbruch trat Anfang 1918 im militärischen Trainingslager Camp Fuston im amerikanischen Kansas auf. Einer der ersten Fälle war ein Koch, gefolgt von mehreren Tausend Erkrankungen von Soldaten in diesem Camp (Martini et al. 2019). Allerdings zeigten molekulare Analysen der Stammesgeschichte des Virus keinen eindeutigen geografischen Ursprung. Deshalb kann ein weniger gut angepasster Vorläufer dieses Virus bereits in den Jahren zuvor dort zirkuliert sein (Morens und Taubenberger 2018). Daneben gibt es weitere Theorien wie einen Ursprung in China, bei dem das Virus durch chinesische Gastarbeiter nach Amerika gebracht wurde (Nickol und Kindrachuk 2019). Die **Spanische Grippe** breitete sich innerhalb weniger Monaten erst nach Europa, dann auf der ganzen Welt aus und verlief im Wesentlichen in 3 Wellen. Die erste Welle seit dem Frühling 1918 war vergleichsweise mild und forderte wenige Todesopfer. Die zweite Welle begann im Herbst 1918 und wütete vorwiegend im

Oktober und November. Im Vergleich zur ersten Welle war die Fallsterblichkeits-rate sehr hoch. Die dritte Welle folgte dann im Frühjahr 1919 (Martini et al. 2019). Vielerorts zeugen Friedhöfe mit weißen Kreuzen von der Heftigkeit der Spanischen Grippe wie in Abb. 2.4, an einigen Orten sogar ohne Namensschilder, da man von der Anzahl der Toten übermannt wurde. Die Spanische Grippe hatte wahrscheinlich auch Auswirkungen auf die Friedensverhandlungen in Versailles nach dem Ersten Weltkrieg. Es wird vermutet, dass die Deutschen bei den Reparationszahlungen recht gut abgeschnitten haben, da der amerikanische Präsident selbst durch die Spanische Grippe geschwächt gewesen sein soll (Wilton 1993).

Damals war nicht bekannt, welcher Erreger diese schwere Erkrankung verursachte. Es wurde allgemein ein Bakterium, *Haemophilus influenza,* als Ursache angenommen. Erst 1933, also 15 Jahre nach der **Spanischen Grippe,** wurde der Grippe-Erreger, das **Influenza A-Virus,** isoliert. Einige der heutigen saisonalen Grippe-Stämme, die uns in der kalten Jahreszeit heimsuchen, sind Abkömmlinge der Spanischen Grippe, nur dass sie nicht mehr so pathogen sind (Morens und Taubenberger 2018).

Abb. 2.4 Die weißen Kreuze des historischen Friedhofs in Longyearbyen auf der Insel Spitzbergen in Norwegen. (Quelle: Adobe Stock, Dateinr.: 228815503)

Ein wichtiger Aspekt der Spanischen Grippe war die eigentliche Todesursache. Die Untersuchung konservierter Patientenproben zeigte, dass die Menschen überwiegend an einer **sekundären Bakterieninfektion** starben, meist verursacht durch Bakterienarten, die sonst als harmlose Kommensalen auf unseren Schleimhäuten leben, wie z. B. Streptokokken und Staphylokokken (Morens et al. 2008). Ein Phänomen, das nicht bei jedem Patienten auftritt, aber bei schweren klinischen Verläufen von bestimmten Influenza-Subtypen auftreten kann, wie z. B. bei der **Spanischen Grippe** oder anderen Subtypen wie Influenza A H5N1, ist ein sog. **Zytokin-Sturm** (Liu et al. 2016). Zytokine sind Signalstoffe, die helfen, das Immunsystem zu aktivieren. Bei einer übertriebenen Signalgebung, dem Zytokin-Sturm, ist die körpereigene Reaktion so heftig, dass sie selbst Schäden verursacht. Dieses Phänomen findet sich auch im klinischen Bild der **COVID-19**-Patienten mit schwerem Verlauf und ist eine der Ursachen für die hohe Letalität bei der Erkrankung (Hu et al. 2020).

Ein wichtiger Unterschied zwischen der **Spanischen Grippe** und **COVID-19** ist die Berichterstattung in den Medien. Während heute Meldungen zu COVID-19 jeden Tag die Nachrichten beherrschen und ein hohes Maß an Transparenz vorliegt, gab es zu Zeiten der Spanischen Grippe häufig eine Zensur. Einige Länder weigerten sich, dies als ernstzunehmende Erkrankung anzuerkennen und zensierten Nachrichten bzw. leugneten die Existenz, wahrscheinlich um die Bevölkerung nicht weiter zu beunruhigen (Martini et al. 2019). Da Spaniens Presse damals sehr offen über diese neue Infektionskrankheit berichtete, wurde fälschlicherweise der Ursprung der Seuche in Spanien gesehen, was letztlich zum Namen Spanische Grippe führte (Wilton 1993; Martini et al. 2019).

Bemerkenswerte Parallelen zwischen der **Spanischen Grippe** und **COVID-19** sind die Maßnahmen zur Eindämmung der Pandemie. Eine davon war die **Desinfektion** von Straßen und Gebäuden (Martini et al. 2019), eine Maßnahme, die an die frühen Aktionen in China während des COVID-19 **Lockdowns** in Wuhan erinnert. Mullmasken zur Bedeckung von Nase und Mund wurden häufig zum Schutz getragen (Wilton 1993). Auch die anderen Maßnahmen zur Eindämmung der **Pandemie** wurden nicht neu erfunden, sondern hatten sich bereits bei der Bekämpfung der Tuberkulose als wirksam erwiesen. Zum Beispiel wurden in New York verschiedenste Maßnahmen umgesetzt, von der Isolierung kranker Personen, über die Überwachung von z. B. Schülern auf Krankheitssymptome, Mahnungen zur Hustenetikette (beim Husten und Niesen die Hand vor dem Mund zu halten), nicht auf die Straßen zu spucken, bis hin zu einer **Quarantäne** von anlegenden Schiffen wie es bereits im 14. Jahrhundert zur Bekämpfung der Pest in zahlreichen Hafenstädten eingesetzt wurde. Zu den Maßnahmen gehörten auch über den gesamten Tag versetzte Ladenöffnungszeiten zur Vermeidung von Rush-hour

Effekten, um große Ansammlungen von Menschen z. B. beim Warten auf die Straßenbahn zu verhindern, aber auch die Begrenzung der Anzahl der Fahrgäste. Letztlich waren die Maßnahmen denen gegen COVID-19 sehr ähnlich, aber nicht ganz so extrem, da z. B. Theater unter bestimmten Hygiene-Auflagen geöffnet bleiben durften (Aimone 2010).

Des Weiteren erfolgten schon früh Analysen epidemiologischer Aspekte, um die Ausbreitung unter bestimmten Bedingungen zu verstehen. In amerikanischen Trainingscamps zeigte sich die Belegungsdichte in Baracken als wichtigster untersuchter Faktor. Ein Unterschied von 2–3 Quadratmetern weniger Platz pro Person führte zu einer 10 Mal höheren Infektionsrate (Aligne 2016). Dies zeigt, wie wichtig die Distanz bei der Eindämmung von Infektionskrankheiten ist, die über Tröpfcheninfektion übertragen werden. Es belegt auch die Notwendigkeit der heutigen Maßnahmen im Kampf gegen **COVID-19,** bei denen die Einhaltung des Abstands von 1,5–2 m und freien Plätzen in Verkehrsmitteln gefordert wird.

Eine weitere Gemeinsamkeit zwischen der **Spanischen Grippe** und **COVID-19** ist der Einfluss auf moderne Technologien. Während durch die Spanische Grippe das Telefon immer beliebter wurde, hatte COVID-19 einen positiven Einfluss auf die Digitalisierung inklusive Home office, Online-Meetings und E-learning (Wilton 1993).

Die **Spanische Grippe** war nicht die erste und wird auch nicht die letzte **Grippe-Pandemie** sein. Grippe-Pandemien traten wohl mindestens seit dem neunten Jahrhundert auf (Morens und Taubenberger 2018). Im 20. Jahrhundert gab es nach der Spanischen Grippe die **Asien-Grippe** ab 1957 und die **Hong Kong-Grippe** ab 1968, die sich ebenfalls als Pandemien in durchschnittlich 6 Monaten weltweit ausbreiteten (Akin und Gökhan 2020). Im Gegensatz dazu benötigte COVID-19 nur 2–3 Monate. Im Jahr 2009 kam eine weitere Grippe-Pandemie hinzu, die sog. **Schweinegrippe.** Bei ihr entwickelten sich aber nicht die befürchteten, dramatischen Auswirkungen. Die Verbindung zwischen der Spanischen Grippe und der Schweinegrippe ist interessant. Die Analyse des Hämagglutinins der Schweinegrippe lässt Schlüsse zu, dass dieser Stamm früher zu Zeiten der Spanischen Grippe vom Menschen auf das Schwein übertragen wurde, sich fast ein Jahrhundert im Schwein konserviert gehalten hat und dann 2009 wieder vom Schwein auf den Menschen übertragen wurde (Morens und Taubenberger 2018).

Die Frage nach dem Ursprung dieser **Pandemien** ist bis heute ein kontrovers diskutiertes Thema. Bei anderen Grippe-Pandemien weisen molekularbiologische Analysen auf einen Ursprung in Vögeln hin, da die genetischen Sequenzen die größte Übereinstimmung zu Vogel-Grippeviren aufweisen. Es gibt aber große

Interspezies-Barrieren, d. h. es ist für ein Vogelvirus relativ schwer, auf den Menschen überzuspringen, da sich die Rezeptoren, die das Virus zum Andocken an Zellen braucht, bei Vögeln und Menschen deutlich unterscheiden. Eine weitere Hypothese ist die sog. **Mixed-Vessel-Hypothese.** In dieser werden z. B. Schweine als intermediärer Wirt von Vogel-Grippeviren angenommen, in denen sich das Virus adaptiert und dann auf den Menschen überspringt. Allerdings gibt es keine ausreichenden Hinweise, dass dies vor der Schweinegrippe auch bei früheren Grippe-Pandemien der Fall war (Nelson und Worobey 2018).

2.4 Vergessen durch Impfstoffe: Masern, Poliomyelitis und Diphtherie

Es gibt eine Vielzahl von Seuchen durch Viren und Bakterien, die wir nicht mehr als solche wahrnehmen, obwohl wir sie kennen, wenn darüber gesprochen wird. Hierzu zählen die Infektionskrankheiten, die heutzutage adäquat durch Impfungen im Kindesalter in Schach gehalten werden, z. B. die Viruserkrankungen **Masern** und **Poliomyelitis** (Kinderlähmung) oder bakteriell verursachte Erkrankungen wie **Diphtherie** und **Keuchhusten.** Viele Impfkritiker behaupten, die größten Seuchen waren schon vor dem Anbruch des Impfstoffzeitalters auf dem Rückzug. Das ist aber absolut nicht wahr. Sicherlich waren einige rückläufig, vor allem bakteriell verursachte Infektionskrankheiten, die durch kontaminiertes Trinkwasser oder unhygienische Lebensbedingungen verursacht wurden. Auf der anderen Seite können wir nur erahnen, wie viele Millionen Menschen gerade nach dem starken Bevölkerungswachstum der letzten 100–150 Jahre, heutzutage ohne die Impfkampagnen jährlich an Pocken oder Masern sterben würden.

Die **Masern** sind ein gutes Beispiel, wie verkannt eine Seuche sein kann. Diese virale Infektionskrankheit beginnt nach einer Inkubationszeit von 10–14 Tagen u. a. mit Fieber, Schnupfen, Husten und einem Ausschlag im Gesicht, der sich bis zu den Gliedmaßen ausbreitet (Griffin 2016). Neben diesen Symptomen finden sich aber z. T. auch Komplikationen, die bei besonders schweren Verläufen auftreten (Abb. 2.5). Masern ist eine alte Seuche, an der seit tausenden von Jahren Menschen erkrankten und die in früheren Zeiten wahrscheinlich jedes Jahr Millionen Tote forderte (Mühlebach 2017). Viele ältere Menschen, die noch selbst Masern durchgestanden haben, assoziieren damit zwar eine heftige Erkrankung, die man jedoch mit fiebersenkenden Mitteln im Bett unter der Decke ausgestanden hat. Während wir in Europa durch die Schutzimpfung lange nur höchst selten von Masern-Fällen hörten, aktuell aber zunehmend, sieht die Situation in einigen Entwicklungsländern ganz anders aus. Die Masern führten 2018 zu ca.

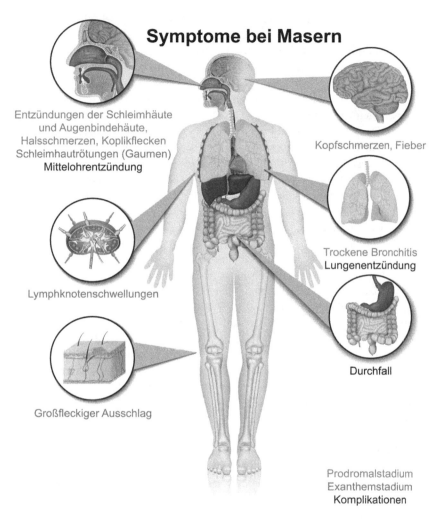

Abb. 2.5 Symptome und mögliche Komplikationen bei Masern (Prodromalstadium: Früh-symptome; Exanthemstadium: Hauptstadium). (Quelle: Adobe Stock, Dateinr.: 201737451)

140.000 Todesopfern, vor allem von Kindern. Sofern wir diese Zahlen mit **Ebola** und **Zika** vergleichen, wird klar, dass man diese **Seuche** niemals unterschätzen sollte. Aus diesem Grund ist auch eine Impfpflicht zum Schutze des Gemeinwohls in Deutschland nicht abwegig. Kaum ein anderer Impfstoff hat ein so gutes Risiko-Nutzen Verhältnis wie die Masern-Impfung. In den letzten 40 Jahren wurden 2 Mrd. Impfdosen verabreicht, wobei schwerwiegende Nebenwirkungen äußerst selten auftraten (Frantz et al. 2018).

Eine Besonderheit der **Masern** ist die unglaublich hohe Ausbreitungsgeschwindigkeit. Epidemiologen verwenden als Maß hierfür die **Reproduktionsrate R_0**. Diese Zahl gibt Aufschluss, wie viele Menschen ein Infizierter ansteckt. Bei Masern wird der R_0-Wert häufig mit 12–18 angegeben, wobei größere regionale Abweichungen von diesem Wert auftreten (Guerra et al. 2017). Unter den Infektionskrankheiten nimmt Masern diesbezüglich die Spitzenposition ein. Die Gründe hierfür sind, dass Masern-Viren als **Aerosol** übertragen werden können. Dies sind kleinste Tröpfchen, die beim Husten oder Niesen freigesetzt werden und rasch trocknen. Die Masern-Viren bleiben im Gegensatz zu vielen anderen Erregern stabil. Diese Partikel sinken nicht direkt zur Erde, sondern verbleiben als Schwebepartikel in der Luft, sodass andere in der Umgebung befindliche Menschen diese Partikel einatmen. Aufgrund der schnellen Ausbreitung weist Masern auch Ähnlichkeiten zu **COVID-19** auf, das sich in empfänglichen Populationen ebenfalls rasend schnell ausbreitet. Bei COVID-19 variiert der R_0-Wert stark. Da ihn auch die frühzeitig etablierten Maßnahmen zur Infektionskontrolle beeinflussen, wurde er häufig mit 2–3 aufgeführt. Für die Frühphase der Pandemie wurde der R_0-Wert allerdings in verschiedenen Regionen wie Deutschland oder China mit ca. 5–6 höher eingeschätzt (Yuan et al. 2020; Sanche et al. 2020). Da die Inkubationszeit bei COVID-19 kürzer ist als bei Masern, resultiert hieraus eine ähnlich explosionsartige Ausbreitung. Im Vergleich hierzu weisen die verschiedenen Grippe-Pandemien einen niedrigeren R_0-Wert von 1–3 auf (Akin und Gözel 2020).

Aber nicht alle Infektionskrankheiten waren steter Begleiter der Menschen. Während an Masern seit tausenden von Jahren Menschen erkranken, ist **Poliomyelitis** (Kinderlähmung) erst mit Beginn des 20. Jahrhundert breitflächig aufgetreten. Dabei gab es das Virus schon früher, nur dass es vor Beginn des 20. Jahrhundert keine wesentliche medizinische Bedeutung hatte (Minor 2015). Bei der Poliomyelitis ist sogar schon die Frage möglich, wann die breitflächige Impfung abgeschafft werden kann. Poliomyelitis gehört zu den Erkrankungen, die durch systematische Impfkampagnen an den Rand der Ausrottung gebracht wurde. Während in Industrienationen Poliomyelitis-Impfungen zur medizinischen Grundversorgung gehören, wurden für ärmere Regionen aufwendige Programme ins Leben gerufen, um eine flächendeckende Versorgung mit Polio-Impfstoffen sicherzustellen. Dazu gehört z. B. das **Expanded Program on Immunization (EPI)**, das von der WHO geleitet wird und massive Unterstützung aus dem privaten und gemeinnützlichen Sektor erhält, wie z. B. der Melinda und Bill Gates Foundation. Allerdings gibt es noch Regionen, z. B. Pakistan, in denen häufiger Infektionen auftreten (Minor 2015). Ein wichtiges Ziel auf der sog. „Zielgeraden" bei der Ausrottung der Poliomyelitis ist die vollständige Umstellung der Impfung auf Inaktivat-Impfstoffe. Noch immer gibt es Länder, die Lebendimpfstoffe einsetzen, da diese billiger sind. Dies bedeutet jedoch, dass man weiterhin vermehrungsfähiges Virus freisetzt.

Der Ausstieg aus der Impfung gegen **Poliomyelitis** sollte eigentlich ähnlich wie bei der Pocken-Impfung möglich sein. Nachdem die letzte natürliche Pocken-Infektion 1977 auftrat, wurde einige Zeit später die Impfung abgeschafft. Bei der **Poliomyelitis-Impfung** gibt es aber ein Problem. Es gibt Menschen, die nach Erhalt des Lebendimpfstoffs, das Virus dauerhaft ausscheiden. Hierzu gehören z. B. einige immunsuppressive Menschen, d. h. Menschen mit einem geschwächten Immunsystem. So trug ein immunsuppressiver Mann das Virus Jahrzehnte nach der Impfung immer noch im Körper und schied es auch aus. Das Virus hatte sich durch die lange Vermehrung in seinem Körper genetisch verändert und wieder den krankheitsauslösenden Typen gebildet. Im Normalfall stellt dies kein Problem dar, da diese Person ganz gleich ob bei der Arbeit, in der Freizeit oder in der Familie von geimpften Personen umgeben ist. Sofern jedoch die Polio-Impfungen eingestellt werden, würden nach und nach Jahrgänge aufwachsen, die keine Impfung mehr erhalten haben. Bei Kontakt mit diesen empfänglichen Personen würden wieder lokale Ausbrüche von Poliomyelitis auftreten. Leider ist dies kein Einzelfall, es gibt sogar gesunde Kinder, die nach Impfungen für einen längeren Zeitraum den gefährlichen, sog. revertierten Virustyp ausschieden. Aus diesem Grund wird die Abschaffung der Poliomyelitis-Impfung sehr wahrscheinlich deutlich schwieriger werden und länger dauern als bei den Pocken, selbst bei ausschließlichem Einsatz von Inaktivat-Impfstoffen über Jahre (Vogel 2020b).

Eine weitere vergessene Krankheit ist die **Diphtherie,** die vorwiegend durch das Bakterium *Corynebacterium diphtheriae* verursacht wird und eine Fallsterblichkeitsrate von 5–10 % aufweist. Die ersten Epidemien dieser „alten" Seuche sind im 6. Jahrhundert beschrieben. Eine Besonderheit des Bakteriums ist die Bildung von Toxinen, die als typische Symptome u. a. Halsschmerzen oder Fieber verursachen (CDC 2019). Die Übertragung erfolgt ebenfalls über Tröpfcheninfektion (Abb. 2.6). Im frühen 20. Jahrhundert gehörte diese Erkrankung zu den häufigsten Todesursachen im Kindesalter. Durch den Einsatz von Impfstoffen ab den 1930er Jahren sank die Anzahl der Neuerkrankungen deutlich. In den Staaten der ehemaligen Sowjetunion gab es allerding in den 1990er Jahren eine

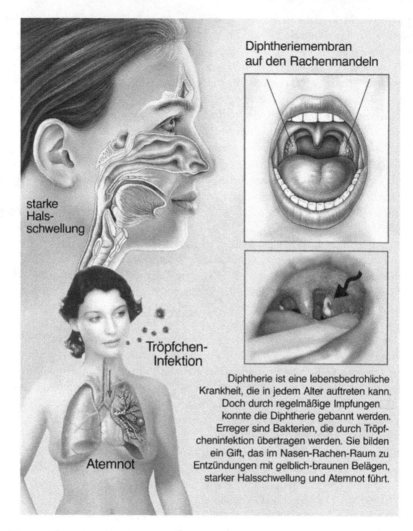

Abb. 2.6 Übertragung und Vermehrungsorte von Diphtherie-Bakterien. (Quelle: Adobe Stock, Dateinr.: 269258944)

Rückkehr in Form einer **Diphtherie-Epidemie** mit mehr als 140.000 Fällen. Die Gründe waren eine sinkende Impfquote von Kindern sowie ein nachlassender Impfschutz von Erwachsenen (Vitek und Wharton 1998). Dies belegt ähnlich wie bei den Masern, dass diese Erkrankungen lediglich durch Impfstoffe unter Kontrolle gehalten werden, aber jederzeit wieder Epidemien auftreten können, sobald keine ausreichende Immunität der Bevölkerung mehr besteht.

Latente Seuchen und Dauerseuchen   3

3.1 Latente Seuchen: Cholera und Typhus

Cholera ist eine alte **Seuche,** bei der die Bakterien über kontaminiertes Trinkwasser, Nahrungsmittel bzw. Hände aufgenommen werden. Der Erreger, das Bakterium *Vibriocholerae,* verursacht einen stark wässrigen Durchfall mit Dehydration. Schätzungen zufolge gibt es jährlich ca. 1–4 Mio. Cholera-Fälle mit ca. 20.000–140.000 Todesfällen (WHO 2020b). Seit 1817 sind 7 Cholera-Pandemien beschrieben, die ihren Ursprung in Asien hatten und sich auf der Welt verbreiteten. Die siebte Pandemie trat seit 1961 auf (Harris et al. 2012). Auch bei dieser Seuche sind hygienische Lebensverhältnisse und Zugang zu sauberem Trinkwasser entscheidend. Erst kürzlich kam es zum größten bisher aufgezeichneten Cholera-Ausbruch im Jemen mit über 1 Mio. Erkrankungen und ungefähr 2000–3000 Toten. Dies belegt, wie in krisengebeutelten Regionen, in denen innere Konflikte die Aufmerksamkeit von Gesundheitsfragen ablenken, diese Erkrankungen wieder voll durchschlagen können. Ein Teilaspekt dieses Ausbruchs war, dass weit über ein Jahr kein Impfstoff in diese Region geliefert wurde (Federspiel und Ali 2018).

So wie **Edward Jenner** die Geburtsstunde der modernen Immunologie durch die Entwicklung der Pocken-Impfung markierte, führte ein Cholera-Ausbruch zur Geburtsstunde der modernen Epidemiologie. Mitte des 19. Jahrhunderts gab es einen großen Cholera-Ausbruch in London. Ein Engländer, der Anästhesist **Dr. John Snow,** untersuchte die Ursache dieses Ausbruchs. Zum damaligen Zeitpunkt wurde allgemein angenommen, die Krankheit würde durch schlechte Luft verbreitet, sog. Miasmen. John Snow entwickelte die sog. „Spot Map", indem er den

Wohnort aller gemeldeten Cholera-Fälle auf einer Stadtkarte eintrug und betroffene Haushalte zu ihren Gewohnheiten befragte. Hierdurch erkannte er, dass sich die Fälle um eine bestimmte öffentliche Wasserpumpe in der Broad Street häuften bzw. im direkten Zusammenhang standen. Schließlich konnte der Ausbruch durch Schließung dieser Wasserpumpe beendet werden (CDC 2004). Aufgrund der damals vorherrschenden Annahmen der Übertragung durch üble Luft war es für John Snow jedoch nicht so einfach, da das damalige Gesundheitsamt seine Thesen ablehnte (Paneth et al. 1998).

Die Infektionskrankheit **Typhus** gehört ebenfalls zu den historisch großen Seuchen, die seit dem Altertum bekannt sind und von der viele große Epidemien auftraten. Typhus wird durch das Bakterium **Salmonella Typhi** verursacht. Die Erkrankung verursacht Erbrechen, Bauchschmerzen und Fieber und dauert im Durchschnitt eine Woche. Typhus hat einen großen Freund, ähnlich wie **Cholera,** und das ist verschmutztes Trinkwasser. Aus diesem Grund wundert es nicht, dass die größten Typhus-Epidemien in Zeiten auftraten, in denen sauberes Trinkwasser noch kein Standard war, z. B. in Zeiten der napoleonischen Kriege (Abb. 3.1).

Abb. 3.1 Illustration von marschierenden Typhus-geschwächten Soldaten zu Zeiten der napoleonischen Kriege. (Quelle: Adobe Stock, Dateinr.: 309593701)

Während des Russlandfeldzugs im Jahre 1812 sollen 80 % der Soldaten in Napoleons Armee an Typhus erkrankt gewesen sein. Die Bedeutung von Typhus nahm bereits im 18. Jahrhundert ab, durch Verbesserungen der Hygiene, wie die Verwendung von Seife oder dem Kleiderwechsel vor dem Schlafengehen (Sabbatani 2006). Im beginnenden 20. Jahrhundert führten weitere Verbesserung der Trinkwasseraufbereitung und -versorgung zu einem weiteren Rückgang der Krankheit. Allerdings erlebte die Krankheit je nach Gebiet und Umständen auch wieder eine stärkere Bedeutung, z. B. im Zweiten Weltkrieg (Synder 1947).

Während wir die Infektionsraten in Europa durch Hygiene-Standards im Schach halten, ist **Typhus** in anderen Regionen, wie z. B. Südostasien und Afrika, und dort vor allem in dichtbesiedelten Slum-Gebieten, noch immer ein relevantes Problem (Spektrum 2014). Wenn Abfälle und Fäkalien im offenen Abwasser dicht an menschlichen Wohnungen vorhanden sind (Abb. 3.2), ergeben sich ideale Orte für die Vermehrung dieser Bakterien. Es wird geschätzt, dass in diesen Regionen jährlich 20 Mio. Typhus-Fälle mit 200.000 Toten auftreten (Kingsley et al. 2018). Zudem ist es in Zeiten von Kriegen oder Bürgerkriegen durchaus wahrscheinlich, dass in solchen Regionen neue Epidemien entstehen. Der Gedanke an einen Ausbruch von Typhus in Europa lässt heutzutage aber keinem Mediziner einen

Abb. 3.2   Slum-Viertel mit offenem, müllbeladenem Abwassersystem in direkter Nähe zu menschlichen Behausungen. (Quelle: Adobe Stock, Dateinr.: 138845012)

kalten Schauer über den Rücken laufen. Die Krankheit lässt sich heute gut mit **Antibiotika** behandeln und eine Impfung ist auch verfügbar. Ganz anders ist die Lage in den oben angesprochenen Slums, in denen die ärmsten Menschen leben und der Zugang zu einer guten medizinischen Versorgung und Antibiotika keine Selbstverständlichkeit ist.

Ein besonderer Fall, der in vielen wissenschaftlichen Publikationen aufgeführt wird, ist der Fall von Mary Mallon, besser bekannt als **Typhoid Mary.** Frau Mallon war eine Köchin im frühen 20. Jahrhundert. Diese Tätigkeit war nicht einfach nur ein Beruf, um den Lebensunterhalt zu verdienen, sondern ihre Passion. Nachdem mehre Fälle von Typhus in dem Restaurant auftraten, in dem sie arbeitete, vermutete das Gesundheitsamt, dass sie eine asymptomatische Dauerausscheiderin des Krankheitserregers war. Sie widersetzte sich den Aufforderungen, dies überprüfen zu lassen und setzte ihre Arbeit als Bedienstete in Privathaushalten fort. Als auch diese Familien krank wurden, identifizierte man sie wieder als Ursache. Sie zog mehrfach um, um wieder Ruhe zu haben, heuerte aber immer erneut als Bedienstete in Privathaushalten an, gefolgt von Erkrankungen und auch Todesfällen. Schlussendlich wurde Mary Mallon bis zu ihrem Tod auf eine Insel mit Isolierstation verbannt (Brooks 1996; Marineli et al. 2013).

Mary Mallon ist als Typhoid Mary zum Sinnbild für Menschen geworden, die die Gefahren von Infektionskrankheiten leugnen und nicht wahrhaben wollen. Daraus kann man durchaus einen Vergleich zur jetzigen Situation in der **COVID-19-Pandemie** ziehen. Es gibt Menschen, die trotz positivem Virusnachweis oder Erkrankung der Aufforderung, in Quarantäne zu bleiben, nicht nachkommen, und aktiv am gesellschaftlichen Leben teilnehmen. Das gemeinsame Merkmal dieser Fälle ist die Leugnung, das eigene Tun könnte negative Auswirkungen für andere haben. Solche Fälle, nicht zuletzt selbst der 45. amerikanische Präsident während seiner COVID-19 Erkrankung, können als kleine **„Typhoid Marys"** bezeichnet werden.

3.2   Dauerseuchen: Tuberkulose und Virushepatitis

Tuberkulose ist wahrlich der Dauerbrenner unter den Seuchen. Diese durch Tröpfcheninfektion übertragende Lungenerkrankung wird durch das Bakterium *Mycobacterium tuberculosis* verursacht und führt zu dauerhaftem Husten, Brustschmerzen und Abgeschlagenheit. Die Krankheit hat ähnlich wie die Pest eine lange Historie. Basierend auf genetischen Untersuchungen soll diese Bakterienart bereits seit 15.000–20.000 Jahren existieren. Die ersten Aufzeichnungen, die auf Tuberkulose hindeuten, stammen aus China ca. 1000 Jahre v. Chr. (Barberis et al. 2017). Es dauerte aber bis 1882, bis der deutsche Arzt und Mikrobiologe **Professor Robert Koch** (Abb. 3.3) den Erreger identifizierte. Für diese bedeutsame Leistung erhielt er 1905 den Nobelpreis für Medizin. Robert Koch war auch der Leiter des Vorläufers des heutigen **Robert Koch-Instituts** (RKI 2018). Dieses Institut dürfte spätestens seit **COVID-19** jedem Leser bekannt sein, da es in Deutschland die zentrale Einrichtung u. a. für Krankheitsprävention ist und maßgeblich an der Bekämpfung von COVID-19 beteiligt ist. Zu Zeiten Robert Kochs starben ca. 14 % aller Menschen an Tuberkulose. Bei einem Vortrag sagte er, wenn man die Bedeutung einer Infektionskrankheit an der Zahl der Opfer messen würde, müssten alle bekannten Seuchen wie die Cholera und die Pest weit hinter der Tuberkulose rangieren (Pharmazeutische Zeitung online 2008). Mit dieser Einschätzung behält er auch noch nach mehr als 100 Jahren im 21. Jahrhundert Recht.

Heutzutage sind ca. ¼ der Erdbevölkerung, also ungefähr 2 Mrd. Menschen mit *Mycobacterium tuberculosis* infiziert, wobei die Krankheit bei bis zu 15 % wirklich ausbricht. Es kommen jährlich 10 Mio. Infektionen hinzu, und mit ca.

Abb. 3.3 Portrait von Robert Koch. (Quelle: Adobe Stock, Dateinr.: 72607525)

1,5 Mio. Todesfällen pro Jahr nimmt die **Tuberkulose** die traurige Spitzenposition unter den Infektionskrankheiten ein (WHO 2020c). Die Krankheit fordert somit mehr Todesopfer als **AIDS** und rangiert unter den Top Ten der häufigsten Todesursachen weltweit. Diese Zahlen sind erstaunlich, da es seit ca. 100 Jahren Impfstoffe gegen diese Krankheit gibt (Luca und Mihaescu 2013) und bereits Erkrankte auch mit Antibiotika behandelt werden können. Leider ist die Therapie sehr zeitaufwendig und kann Jahre dauern. Zudem sind die existierenden Impfstoffe nicht optimal, bieten also keinen perfekten Schutz.

Der Erreger nutzt eine trickreiche Strategie, um eine so lange Zeit im Körper zu verweilen. Das Bakterium vermehrt sich intrazellulär, also in Körperzellen. Dabei vermehrt es sich überwiegend in **Makrophagen.** Dies sind Fresszellen, deren Aufgabe es ist, fremde Komponenten und damit auch Krankheitserreger aufzunehmen und in der Zelle abzubauen sowie andere Immunzellen zu aktivieren. Dieser Abbau erfolgt in sog. Lysosomen, das sind kleine Organellen, deren pH-Wert schrittweise erniedrigt wird, was beim Abbau hilft. Das Bakterium unterdrückt aktiv diese Prozesse und damit seine Zerstörung innerhalb der Makrophagen und befällt neue Makrophagen, wenn die infizierte Zelle zugrunde geht (Zhai et al. 2019).

Eine Erkrankung, die nur selten als Seuche wahrgenommen wird, jedoch bei der weltweiten Gesamtbelastung mit Tuberkulose in einem Atemzug genannt werden muss, ist die **Virushepatitis,** auch Gelbsucht genannt. Die Virushepatitis greift vorwiegend die Leber an. In Industriestaaten ist sie nicht so häufig, und es gibt wirksame Impfstoffe gegen einige der Hepatitis-Formen. Weltweit ist die Virushepatitis jedoch ein ernstzunehmendes Gesundheitsproblem. Virushepatitis wird durch verschiedene Viren ausgelöst und führt zu: **Hepatitis A, B, C, D und E.** Die Übertragung erfolgt je nach Typ über z. B. kontaminierte Nahrungsmittel, beim Sex, über Blut, fäkal-oral über die Hände oder direkt von der Mutter auf ihr Kind. Die Viren wie z. B. das Hepatitis A-Virus sind sehr stabil, überstehen die Verdauung im Magen und werden auf Speisen erst bei einer Erhitzung über 85 °C für 1 min vollständig inaktiviert (Shin und Jeong 2018). Die WHO schätzt, dass weltweit ca. 260 Mio. Menschen chronisch mit dem **Hepatitis B-Virus** infiziert sind und im Jahre 2015 knapp 900.000 Menschen an den Folgen einer Hepatitis B-Infektion starben (WHO 2020d). Die Zahl der durch die verschiedenen Formen der Virushepatitis insgesamt jährlich auftretenden Todesfälle ist mittlerweile auch höher als bei AIDS mit ungefähr 1,5 Mio. pro Jahr (WHO 2020a). Häufig wissen Menschen gar nicht, dass sie an Virushepatitis leiden, da die Symptome zunächst mild sind.

Hepatitis-Viren sind erst relativ spät entdeckt worden, das **Hepatitis B-Virus** z. B. in den 1960er Jahren durch Baruch Blumberg. Seine Entdeckung wurde mit dem Medizin-Nobelpreis ausgezeichnet. Dabei sind Hepatitis-Viren keine neuen Viren wie z. B. **HIV.** Erste Aufzeichnungen über Hepatitis-Epidemien stammen aus China vor 5000 Jahren. Hepatitis-Epidemien waren über die Jahrhunderte stark mit Kriegen assoziiert. Ein besonders tragischer Zwischenfall war im Zweiten Weltkrieg die Infektion von fast 30.000 Soldaten, deren Gelbfieber-Impfstoff mit Hepatitis-Viren kontaminiert war (Fonseca 2010).

Akute Seuchen

4

4.1 Dengue-Fieber

Dengue-Fieber ist eine lange bekannte Seuche, die durch das **Dengue-Virus** verursacht wird und grippeartige Symptome verursacht. Sie gehört sicher zu den aktuell stark aufflammenden Infektionskrankheiten und ist in über 100 tropischen und subtropischen Ländern endemisch, wobei nicht in jeder Region das Risiko gleich ist (Abb. 4.1). Die jährliche Inzidenz dieser Erkrankung stieg in den letzten 50 Jahren bis Anfang des 21. Jahrhundert um das 30-fache (RKI 2007). Seitdem gab es weiterhin eine starke Zunahme. Die jährlichen Neuinfektionen werden z.Zt. auf 100–400 Mio. Fälle geschätzt (WHO 2020e).

Es gibt vier **Serotypen,** 1–4, die sich jeweils laboranalytisch mit Hilfe von Antikörpern unterscheiden lassen. Die natürliche Infektion mit einem dieser Serotypen führt zu einer lebenslangen Immunität, aber nur gegen diesen Serotyp. Deshalb kann sich ein Mensch in seinem Leben max. 4 Mal mit **Dengue-Fieber** anstecken. Das **Dengue-Virus** gehört zu den **Arboviren.** Dieser Gruppenname wird von ihrer Übertragung abgeleitet, da sie von Arthropoden (Gliederfüßern) übertragen werden, im Fall von Dengue von **Stechmücken.** Die ersten Aufzeichnungen über Epidemien stammen aus Asien, Afrika und Nordamerika aus den Jahren 1779–1780 (Gubler und Clark 1995). Das Dengue-Virus selber wurde erst viel später entdeckt, 1943 (Messina et al. 2014).

Auch wenn **Dengue-Fieber** für uns eher mit Reisen in tropische Regionen assoziiert ist, könnten sich die Verhältnisse durch die Globalisierung, Klimaveränderungen und die Einwanderung von invasiven Mückenarten langfristig verändern. In Frankreich gab es nach einigen sporadischen Fällen im Jahre 2015

P. U. B. Vogel und G. A. Schaub, *Seuchen, alte und neue Gefahren*, essentials,
https://doi.org/10.1007/978-3-658-32953-2_4

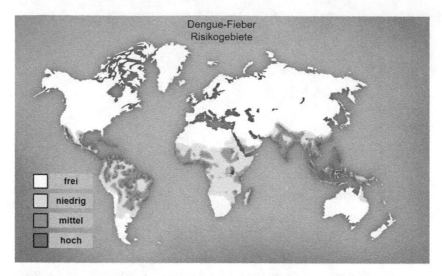

Abb. 4.1 Verbreitungsgebiet von Dengue-Fieber; die Farben zeigen an, wie hoch das Risiko in den gezeigten Gebieten ist. (Quelle: Adobe Stock, Dateinr.: 82867488, modifiziert)

einen Ausbruch von Dengue-Fieber, übertragen durch dort einheimische Stechmücken (Succo et al. 2016). Bei neueren Untersuchungen zur möglichen Übertragung durch bestimmte Mücken in West-Europa waren mehrere Mückenarten in der Lage, verschiedene **Arboviren** zu übertragen, darunter auch Dengue-Viren (Martinet et al. 2019). Das Risiko mag noch gering sein, doch dürfen Veränderungen wie der Klimawandel und die Ansiedlung von neuen Mücken-Arten dabei nicht unterschätzt werden. Aus diesem Grund ist in Europa ein engmaschiges Monitoring der Mücken-Arten und von Ausbrüchen sehr wichtig.

Dengue-Fieber ist ein Paradebeispiel, welche enormen Erfolge bei der Bekämpfung von Tropenkrankheiten durch menschliches Handeln möglich sind, aber auch wie schnell diese Erfolge zunichte gemacht werden, wenn die Bekämpfung nicht fortgesetzt wird. Mitte des 20. Jahrhunderts starteten in Lateinamerika umfangreiche Kampagnen zur Bekämpfung des Überträgers, der **Stechmücke** *Aedes aegypti*. Im Jahr 1962 war diese Stechmücke in weiten Teilen ausgerottet. Aufgrund dieser Erfolge verlor die Politik ihr Interesse an der Bekämpfung, was in den Jahrzehnten danach zur Wiederansiedlung der Stechmücken und einem gewaltigen Anstieg der Dengue-Infektionen ab Mitte der 90er Jahre führte (Brathwaite Dick et al. 2012). Allerdings steht heutzutage eine neue Waffe im Kampf gegen Dengue-Fieber zur Verfügung. Im Jahre 2015 wurde erstmalig ein **Impfstoff** gegen Dengue-Fieber zugelassen. Dieser schützt gegen alle Serotypen, sollte aber nur an Menschen verabreicht werden, die bereits eine Dengue-Infektion überstanden haben (Vogel 2020a).

4.2 Gelbfieber

Gelbfieber ist eine virale Infektionskrankheit, die ebenfalls durch **Stechmücken** übertragen wird. Gelbfieber gehörte im 18. und 19. Jahrhundert mit zu den gefährlichsten Infektionskrankheiten in Afrika und Amerika. Während die Fallzahlen insgesamt niedriger sind als beim **Dengue-Fieber,** ist die Fallsterblichkeitsrate von geschätzt 20–60 % sehr hoch (Douam und Ploss 2018). Die Erkrankung äußert sich u. a. in Fieber, Kopf- und Muskelschmerzen sowie Erbrechen (WHO 2019). Der Ursprung des Virus liegt in Afrika. Gensequenzen der Viren und stammesgeschichtliche Analysen deuten darauf hin, dass das Gelbfieber-Virus in den letzten 1.500 Jahren entstanden ist und mit dem Sklavenhandel vor einigen hundert Jahren nach Südamerika gelangte (Bryant et al. 2007).

Es gibt seit der ersten Hälfte des 20. Jahrhunderts einen wirksamen **Gelbfieber-Lebendimpfstoff,** bei dem die Virulenz abgeschwächt ist (CDC 2020b). Gelbfieber ist ein gutes Beispiel dafür, dass die Viren ständig vorhanden sind und Bekämpfungsmaßnahmen nur dann wirksam sind, wenn sie kontinuierlich verfolgt werden bzw. wenn die Impfquote hoch bleibt, ähnlich wie bei den schon beschriebenen Masern, Poliomyelitis oder Diphtherie. Vor allem umfangreiche Impfkampagnen, aber auch die Bekämpfung der Stechmücken, haben fast zu einem Verschwinden dieser Infektionskrankheit in vielen Regionen geführt. Das Virus zirkuliert jedoch weiter vorwiegend in sog. sylvatischen Zyklen, d. h. in Waldgebieten zwischen Stechmücken und Tieren der Primatengruppe. Diese Hintergrundpräsenz des Virus führte bereits zweimal zu einem erneuten starken Anstieg von Gelbfieber, nachdem die Impfquote sank (Douam und Ploss 2018). Das Risiko von **Gelbfieber-Epidemien** liegt vor, wenn infizierte Personen das Virus in dicht besiedelte Stadtgebiete mit hoher Stechmückendichte einbringen, in denen die Bevölkerung keine Immunität besitzt (WHO 2019). Dies führte z. B. auch zum Auftreten von Gelbfieber in Regionen, in denen das Virus vorher nicht endemisch war (Douam und Ploss 2018).

Tropenparasitosen 5

5.1 Leishmaniosen

Leishmaniosen ist eine Sammelbezeichnung für eine Gruppe parasitär verursachter Erkrankungen mit ca. 12–15 Mio. infizierten Menschen in über 100 Ländern, wobei die meisten Infektionen, über 90 %, in nur 6 Ländern auftreten (Torres-Guerrero et al. 2017). Weltweit werden pro Jahr bis zu über eine Million Neuinfektionen und ca. 30.000 Todesfälle geschätzt (Steverding 2017). Leishmaniosen betreffen vorwiegend die ärmsten Regionen und haben eine enorme Auswirkung auf die Existenz dieser Menschen. Die Diagnose und Behandlung von Leishmaniosen ist sehr kostspielig, was häufig dazu führt, dass die Betroffenen ihr Hab und Gut verkaufen müssen, also Land und Nutztiere (Okwor und Uzonna 2016).

Die Erreger sind Einzeller aus der Gruppe der Trypanosomen und über die subtropischen Grenzen hinaus sogar im Süden Europas vorhanden (Pigott et al. 2014). Von dort werden sie relativ häufig über infizierte Hunde nach Deutschland gebracht. Es gibt zahlreiche Arten des Parasiten, die drei klinisch unterscheidbare Krankheiten in Form der **kutanen, mukokutanen** und **viszeralen Leishmaniose** verursachen (Schaub et al. 2016). Bei der kutanen Form, auch Orientbeule genannt, kommt es zu einer sichtbaren Läsion, an deren Rand sich der Erreger vermehrt (siehe Abb. 5.1). Die mukokutane Form zerstört v. a. den Nasen-Rachen-Raum. Bei der viszeralen Form sind die inneren Organe betroffen wie z. B. die Leber. **Leishmanien** haben wie andere Parasiten die Fähigkeit, langfristig im Körper zu bleiben und dem Immunsystem zu widerstehen. Das wird zum einen durch ihre intrazelluläre Vermehrung in z. B. **Makrophagen,** aber auch aktiv durch

P. U. B. Vogel und G. A. Schaub, *Seuchen, alte und neue Gefahren*, essentials, https://doi.org/10.1007/978-3-658-32953-2_5

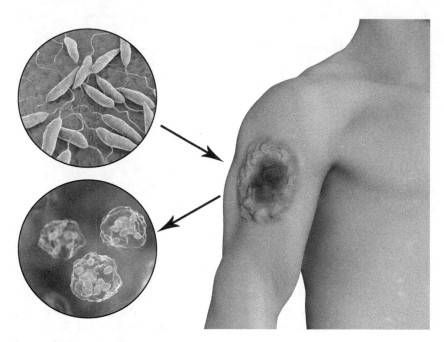

Abb. 5.1 Kutane Form der Leishmaniose mit verschiedenen Stadien des Erregers. (Quelle: Adobe Stock, Dateinr.: 158992397)

gezielte Beeinflussung der Immunzellen erreicht (Conceição-Silva und Morgado 2019).

Überträger dieser Parasitose sind **Sandmücken.** Diese kleinen blutsaugenden Insekten nehmen die Leishmanien beim Blutsaugen an infizierten Personen oder Tieren auf. Auch bei dieser Parasitose liegt also nicht nur der Mensch-Sandmücke-Mensch Zyklus vor, sondern diverse Tiere tragen als sog. Reservoire den Erreger in sich. Im Darm der Sandmücken entwickelt und vermehrt sich der Erreger einige Tage und wandert zum Vorderdarm. Dort bilden die Parasiten einen schleimigen Film, der es den Mücken erschwert, erneut Blut aufzunehmen. Die Sandmücken erbrechen dann beim Blutsaugen und bringen so den Parasiten in die Wunde (Schaub et al. 2016) (ähnlich wie bei den Rattenflöhen und dem Pest-Bakterium).

Leider gibt es bis heute im Humanbereich keine zugelassenen **Impfstoffe** gegen die Erkrankung, jedoch wird die Entwicklung von der WHO forciert (Torres-Guerrero et al. 2017). Interessanterweise wurde früher im Orient eine

Form der **Variolisierung** verwendet, da die Infektion mit **Leishmanien** lebenslang vor einer Erkrankung schützt. Dieses Wissen nutzte man, indem jungen Mädchen in kleinen Wunden an unauffälligen Stellen Leishmanien-Material oder zerquetschte **Sandmücken** gerieben wurden. Hierdurch sollte erreicht werden, dass das Gesicht nicht durch die häufig dort auftretende kutane Form entstellt wurde, um damit die Chancen auf eine spätere Heirat zu verbessern.

5.2 Chagas-Krankheit

Die **Chagas-Krankheit** ist eine Parasitose, die in Lateinamerika heimisch ist. Der Erreger ist ebenfalls ein einzelliger Organismus, *Trypanosoma cruzi*. Es gibt weltweit geschätzt 6–8 Mio. infizierte Personen und jährlich ca. 50.000 Todesfälle (Lidani et al. 2019). Die Erkrankung beinhaltet oft einen z. T. jahrzehntelangen Prozess, in dem der Erreger sich z. B. im Herzmuskel einnistet und nach und nach Schäden verursacht, die zum Tode führen können. Der Parasit wird von lateinamerikanischen **Raubwanzen** übertragen (Abb. 5.2), die sich von Blut ernähren. Nachdem eine Raubwanze den Erreger mit einer Blutmahlzeit aufgenommen hat, entwickelt und vermehrt sich der Parasit im Darm der Raubwanze (Schaub et al. 2016).

Zur Übertragung kommt es, sofern die **Raubwanze** erneut Blut saugt. Raubwanzen nehmen relativ große Mengen an Blut auf, wobei sich der Hinterleib stark weitet. Dabei scheidet die Raubwanze Kot aus, in dem sich der Parasit befindet. Anders als der Erreger der Schlafkrankheit (siehe Abschn. 5.3) wird *Trypanosoma cruzi* also nicht über den Speichel beim Blutsaugen übertragen, sondern

Abb. 5.2 Beispiele für verschiedene Arten von lateinamerikanischen Raubwanzen, *Triatoma infestans* (a), *Panstrongylus megistus* (b), *Rhodnius prolixus* (c) und *Triatoma dimidiata* (d), Maßstabsleiste: 1 cm. (Quelle: Schaub et al. 2011)

durch den Kot. Damit es zur Infektion kommt, muss der Erreger jedoch in die Stichwunde gelangen. Dies passiert z. B. dadurch, dass die Raubwanze über die Wunde hinweg den Menschen verlässt, wobei der stark geweitete Hinterleib den Kot in die Wunde zieht. Daneben kann die Infektion auch durch den schlafenden Menschen selbst initiiert werden, wenn er sich an der durch den Stich juckenden Stelle kratzt und den Erreger in die Wunde bzw. in die Schleimhäute reibt, z. B. der Augen. Die Infektion schreitet dann fort, indem sich der Erreger intrazellulär vermehrt, auch in den Immunzellen. Nach starker Vermehrung werden Parasiten freigesetzt, die neue Zellen infizieren. Durch diese intrazelluläre Entwicklung und die Beeinflussung der Immunantwort entgeht der Parasit der Abtötung.

Die Entdeckung des Parasiten war reiner Zufall. Im Jahre 1907 gefährdete eine Malaria-Epidemie den Bau einer Eisenbahnlinie in Brasilien. **Dr. Carlos Chagas** erhielt den Auftrag diese Epidemie zu bekämpfen. Den Erreger *Trypanosoma cruzi* fand er, nachdem Arbeiter ihm **Raubwanzen** brachten, von denen sie nachts heimgesucht wurden. Im Kot dieser Raubwanzen fand er den begeißelten Einzeller und erkannte einige Zeit später, dass es sich um eine humanpathogene Art handelte (Schaub und Wunderlich 1985, Abb. 5.3).

Die **Chagas-Krankheit** ist historisch gesehen einzigartig unter den Infektionskrankheiten, da sie vor ihrer Entdeckung durch **Carlos Chagas** lange Zeit nicht erkannt wurde und deshalb auch keine Hinweise in alten Schriften vorlagen, und der Erreger nur bei dieser großen Tropenparasitose zuerst im Überträger gefunden wurde. Trotzdem handelt es sich um eine alte Seuche. Die DNA von *Trypanosoma cruzi* wurde in vielen tausend Jahre alten Mumien nachgewiesen, und es wird geschätzt, dass die Krankheit seit 9000 v. Chr. existierte (Lidani et al. 2019). Trotz ihrer Persistenz und der Tatsache, dass die chronische Form kaum behandelbar ist, führte die intensive Bekämpfung der **Raubwanzen** durch Insektizide zu einem starken Rückgang der Chagas-Krankheit, von geschätzt 30 Mio. infizierten Personen in 1990 auf ca. 7 Mio. heutzutage (Schaub et al. 2016).

Die **Chagas-Krankheit** ist ein Paradebeispiel für die Bindung dieser hochkomplexen Infektionskrankheit an das Verbreitungsgebiet der Überträger, also den Raubwanzen. Anders als z. B. **COVID-19,** das direkt von Mensch-zu-Mensch z. B. durch Tröpfcheninfektion und durch Reisen auf der Welt verbreitet werden kann, ist die Chagas-Krankheit an die Verbreitungsgebiete der **Raubwanzen** gebunden. Allein in den USA gibt es durch eine starke Immigration aus Lateinamerika ca. 300.000 Menschen, die den Parasiten in sich tragen. Allerdings wurden bisher nur sporadisch einzelne Übertragungen vermutet, und in den meisten Fällen fehlt der Beweis einer Übertragung durch Raubwanzen (Beatty and Klotz 2020), obwohl im Süden der USA *T. cruzi*-infizierte Raubwanzen gefunden wurden und daher eine Übertragung möglich ist (Waleckx et al. 2014).

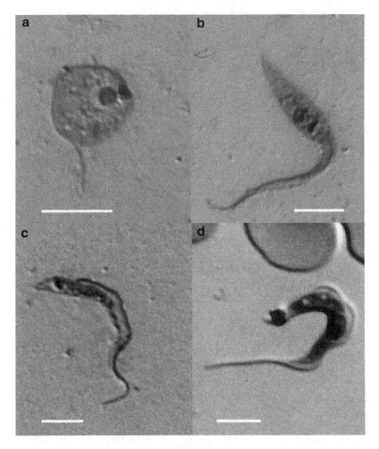

Abb. 5.3 Verschiedene Entwicklungsstadien von *Trypanosoma cruzi*-Parasiten im Überträger (a–c) bzw. im Menschen (d), Maßstabsleiste: 5 μm. (Quelle: Schaub et al. 2011)

Allerdings können infizierte Mütter den Erreger auf ihre Kinder übertragen, und eine Ansteckung durch kontaminierte Blutkonserven oder Organspenden wurde ebenfalls beschrieben, weswegen diagnostische Tests auf ***Trypanosoma cruzi*** bei Blutspenden in vielen Regionen zum Standard wurden.

5.3   Afrikanische Schlafkrankheit

Die **Afrikanische Schlafkrankheit** ist eine weitere Parasitose. Sie ist auf die Sub-Sahara in Afrika beschränkt. Der Erreger ist ebenfalls ein einzelliger Organismus aus der Gruppe der Trypanosomen. *Trypanosoma brucei* ssp. ist morphologisch dem Erreger der Chagas-Krankheit sehr ähnlich, hat aber einen völlig anderen Lebenszyklus (Abb. 5.4; Schaub et al. 2016). Die Schlafkrankheit ist eine chronisch fortschreitende Erkrankung, die im Spätstadium das zentrale Nervensystem betrifft und unbehandelt fast immer zum Tod führt. Es gibt zwei humanpathogene Unterarten sowie weitere Arten, die eine ähnliche Tierseuche beim Rind verursachen, genannt **Nagana.** Diese Tierseuche verursacht jährlich große wirtschaftliche Schäden von geschätzt 1 Mrd. US$ (Vogel und Schaub 2020).

Die **Afrikanische Schlafkrankheit** ist eine sehr alte Seuche. Der Erreger soll bereits vor 35 Mio. Jahren von **Tsetse-Fliegen** auf Säugetiere übertragen worden sein und wurde 1895 vom Schotten **David Bruce** als Ursache der Tierseuche Nagana identifiziert. Nach dieser Entdeckung gab es im 19. Jahrhundert in Afrika drei große Epidemien der Schlafkrankheit. Die erste zu Beginn des Jahrhunderts war so verheerend, das zahlreiche Wissenschaftlicher, darunter auch Robert Koch (Entdecker des Tuberkulose-Erregers) und Alphonse Laveran (Entdecker des Malaria-Erregers), an Gegenmitteln arbeiteten. Diese Anstrengungen führten schließlich zur Entwicklung des ersten wirksamen Gegenmittels, **Suramin,** durch die Bayer AG (Steverding 2008).

Die Übertragung erfolgt durch die blutsaugenden **Tsetse-Fliegen.** Diese stechen nicht wie Stechmücken direkt die Blutkapillare an, sondern schneiden mit ihren Mundwerkzeugen die Haut an, was schmerzhaft ist. Die Parasiten gelangen

Abb. 5.4 Gefärbte Trypanosomen in einem Blutausstrich umgeben von roten Blutkörperchen. (Quelle: Adobe Stock, Dateinr.: 240693917)

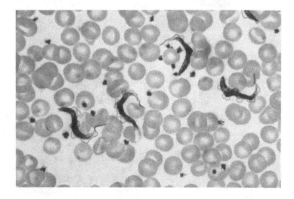

dabei mit dem Speichel der Tsetse-Fliege in die Wunde. Die nächste Tsetse-Fliege nimmt dann die Trypanosomen mit dem Blut einer infizierten Person auf, gefolgt von einer komplexen Entwicklung der Parasiten und der Wanderung aus dem Mitteldarm bis zu den Speicheldrüsen der Tsetse-Fliege, was ca. 2 Wochen dauert (Schaub et al. 2016).

Im Gegensatz zu den Erregern der Chagas-Krankheit und der Leishmaniose lebt *Trypanosoma brucei* **ssp.** während der gesamten, z. T. jahrelangen chronischen Erkrankung des Menschen, **extrazellulär**, vermehrt sich also direkt im Blut. Dies sollte diesen Erreger zu einem perfekten Angriffsziel für unser Immunsystem machen. Die Realität sieht aber anders aus. Unter all den Pathogenen, die gezielt unser Immunsystem manipulieren wie andere Parasiten aber auch der Tuberkulose-Erreger, ist dieser Erreger der ungeschlagene König! Bei der Vermehrung im Blut recycelt der Parasit seine Oberfläche, um gebundene Antikörper loszuwerden. Dazu nimmt er mit einer unglaublichen Geschwindigkeit seine Oberflächenproteine auf, baut die gebundenen Antikörper ab und schleust die recycelten Proteine wieder auf die Oberfläche. Zudem wechselt der Parasit nach kurzer Zeit seine Oberfläche. Er besitzt hunderte Gene für verschiedene Oberflächenproteine und ändert durch genetische Mechanismen ständig die Variante (Mugnier et al. 2016). Das führt dazu, dass das adaptive Immunsystem, das einige Zeit benötigt, um eine effektive Antwort gegen eine bestimmte Variante hochzufahren, ständig mit neuen Varianten konfrontiert wird und sprichwörtlich immer „hinterherhinkt".

Die **Afrikanische Schlafkrankheit** wurde und wird massiv bekämpft. Zu dieser Bekämpfung zählten die Aufklärung der Bevölkerung, ein umfangreiches diagnostisches Screening der Bevölkerung, die zügige Behandlung von Erkrankten sowie die Bekämpfung der **Tsetse-Fliegen**. Die WHO strebt bis zum Jahr 2030 eine vollständige Eliminierung von menschlichen Infektionen an, ein Ziel, das realistisch ist. Nach geschätzt über 300.000 Infektionen in 1995 sank die Anzahl der jährlichen Neuinfektion kontinuierlich und lag bereits 2019 unter 1000 (WHO 2020f). Allerdings erfordert die kontinuierliche Fortsetzung der Bekämpfung Stabilität in den betroffenen Regionen. Die **Afrikanische Schlafkrankheit** ist im 20. Jahrhundert mehrfach in Zeiten von Unruhen und Bürgerkriegen wieder aufgeflammt (Franco et al. 2014) und der Erreger kann sich auch jahrelang in Tieren halten, ohne die Infektiösität für Menschen zu verlieren (Büscher et al. 2018). Aus diesem Grund bleibt ein gewisses Risiko von lokalen Ausbrüchen bestehen.

Interessanterweise sind in den letzten 5–10 Jahren durch den Einsatz von neuen analytischen Technologien so viel neue faszinierende Aspekte dieses Parasiten entdeckt worden wie wohl für keine andere dieser alten Seuchen (Vogel und

Schaub 2020). Diese vertiefte Kenntnis der Parasitenbiologie wird letztlich auch
der Bekämpfung zugutekommen.

5.4   Malaria

Malaria ist sicher die bekannteste Tropenparasitose. Diese Infektionskrankheit
kommt in Teilen Afrikas, Südamerikas und Asiens vor (siehe Abb. 5.5). Der Erreger ist ein einzelliger Organismus. Es gibt verschiedene Arten dieses Parasiten,
wobei die Art ***Plasmodium falciparum*** der häufigste und gefährlichste Malaria-
Erreger ist. Übertrager sind blutsaugende ***Anopheles*Stechmücken.** Die WHO
schätzt, dass es jährlich über 200 Mio. Fälle und ca. 400.000 Tote gibt. Auch
wenn Malaria sich als breiter Gürtel über tropische und subtropische Regionen
erstreckt, treten über 90 % der Fälle in Afrika auf (WHO 2020g). Die Erkrankung
setzt nach einer Inkubationszeit von minimal 7 Tagen mit Fieber, Kopfschmerzen
und Schüttelfrost ein, wobei Kinder unter 5 Jahren besonders von schweren Verläufen betroffen sind und den Großteil der Todesopfer ausmachen (WHO 2020g).
Die Parasiten werden nach einer Vermehrungsphase am Darm der Mücke und
dem Eindringen in die Speicheldrüsen beim Stich übertragen und vermehren
sich im Menschen zunächst in der Leber, dann aber in den Erythrozyten, bis

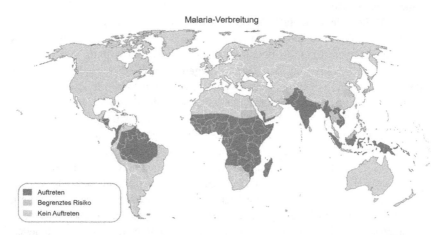

Abb. 5.5 Verbreitung der Malaria auf den verschiedenen Kontinenten. (Quelle: Adobe Stock,
Dateinr.: 100367961, modifiziert)

diese platzen und so die Fieberschübe hervorrufen. Diese treten je nach Art des Malaria-Erregers alle zwei oder drei Tage oder unregelmäßig auf. **Malaria** hat ebenfalls eine lange Historie. Bereits Hippocrates (460bis 375 v. Chr.) kannte diese Krankheit, die sich in Griechenland durch regelmäßige Fieberschübe auszeichnete. Einige Historiker vermuten, dass Malaria zum Untergang des römischen Reiches beigetragen hat. Im 19. Jahrhundert soll die Malaria 150–300 Mio. Todesopfer gefordert haben (Institute of Medicine (US) 2004). Der Malaria-Erreger wurde 1880 durch den Franzosen **Alphonse Laveran** in Blutproben von Malaria-Kranken entdeckt. Der Name der Erkrankung war jedoch bereits zuvor etabliert und stammte aus Italien um 1740. Der Name Malaria leitet sich von übler oder schlechter Luft ab, was ähnlich wie bei der **Cholera** oder der **Pest,** die damalige favorisierte These für die Ansteckung war (Bruce-Chwatt 1981). Inzwischen ist diese Assoziation durch die starke Entwicklung der Überträger in den Sümpfen mit ihren schlechten Gerüchen erklärbar.

Aufgrund der großen medizinischen Bedeutung laufen Programme, um die **Malaria** zu bekämpfen bzw. zu kontrollieren. Die ersten breitflächigen Programme wurden Mitte des 20. Jahrhunderts in Afrika gestartet (Snow et al. 2012). Heutzutage wird der Kampf gegen Malaria mit immensen Fördersummen betrieben, für das Jahr 2018 beispielsweise mit knapp 3 Mrd. US\$ (WHO 2020g).

In Europa und auch bei uns in Deutschland gab es **Malaria** bis ins 20. Jahrhundert. In Deutschland war die Malaria zum Ende des 19. Jahrhunderts verdrängt, erlebte aber ein kurzes Wiederaufleben in der Nachkriegszeit. Durch Medikamente, Maßnahmen wie z. B. die Trockenlegung von Sümpfen und Kanalisationsbau und vermutlich auch durch die Verdrängung von bestimmten Arten der **Anopheles-Stechmücken** durch weniger gut an den Menschen angepasste Arten verschwand die Malaria aus unseren Gebieten (Maier 2004). Die Krankheit tritt aber immer wieder in Griechenland auf. Eine Rückkehr nach Deutschland könnte durch den Klimawandel mit einer zunehmenden Erderwärmung gefördert werden, wobei z. B. Modellierungen für Großbritannien bis 2050 wieder mit einer lokalen Malaria-Übertragung rechnen (Kuhn et al. 2003).

6.1 Ebola

Ebola – diesen Namen assoziieren viele intuitiv mit dem Inbegriff einer todbringenden Seuche, die in Hollywood-Filmen wie Outbreak dramatisch inszeniert wurde. Das Ebolafieber ist zunächst durch grippeartige Symptome und bei fortschreitendem Krankheitsverlauf durch hämorrhagisches Fieber mit Blutungen gekennzeichnet. Das **Ebola-Virus** wurde erstmalig in Afrika in 1976 in der Nähe des Flusses Ebola in der Demokratischen Republik Kongo isoliert. Das Virus gehört zu den Filoviren und besitzt unter dem Elektronenmikroskop ein längliches, gewundenes Erscheinungsbild (Abb. 6.1). Es sind mittelweile verschiedene Arten des Virus mit variierender Virulenz bekannt. Seit der Erstbeschreibung gab es vor allem in Zentralafrika zahlreiche kleinere Ausbrüche bei einzelnen bis zu einigen hundert Personen (Coltart et al. 2017). Die durchschnittliche **Fallsterblichkeitsrate** liegt bei 50 % und variiert von 25–90 % (WHO 2020h).

Die bedeutendste **Epidemie** des **Ebolafiebers** trat in den Jahren 2013–2016 auf und hatte weitaus größere Dimensionen im Vergleich zu vorherigen Ausbrüchen, was auch bei uns zu einer täglichen Berichterstattung in den Medien führte. In dieser Epidemie wurden fast 30.000 Menschen infiziert und über 10.000 starben (Coltart et al. 2017). Die Bilder von Personen in Schutzanzügen, die Oberflächen mit Desinfektionsmitteln reinigen, dürften vielen von uns aus den Nachrichten noch in Erinnerung sein (Abb. 6.2). Diese Maßnahme ist sehr effektiv, da das Virus über Körperflüssigkeiten und somit auch über kontaminierte Kleidung oder Oberflächen übertragen werden kann. Trotz der sofortigen Unterstützung der lokalen Behörden durch die WHO und andere Institutionen, dauerte die Epidemie sehr lange an. Ein wesentlicher Aspekt dabei waren **kulturelle Gewohnheiten.** In den

P. U. B. Vogel und G. A. Schaub, *Seuchen, alte und neue Gefahren*, essentials, https://doi.org/10.1007/978-3-658-32953-2_6

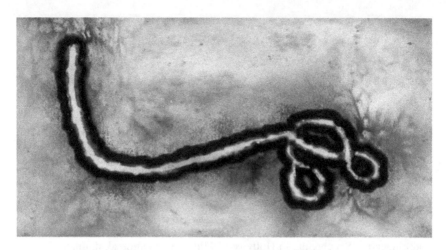

Abb. 6.1 Elektronenmikroskopisches Bild des Ebola-Virus. (Quelle: Adobe Stock, Dateinr.: 72368251)

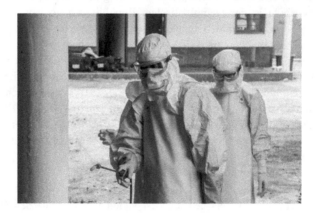

Abb. 6.2 Bild von Oberflächendesinfektionen während der Ebola-Epidemie. (Quelle: Adobe Stock, Dateinr.: 171614099)

betroffenen Regionen ist die Beerdigung eine Zeremonie, die eine intensive Vorbereitung des Toten einschließt und damit zu engen Kontakten führt. Weiterhin gab es Gegenwehr gegen die Isolierungsversuche von infizierten Personen bis hin zur Erstürmung von Krankenstationen, um die erkrankten Personen zu befreien

(Tagesspiegel 2014). Die Wiederkehr von Ebolafieber in 2018 belegt, dass diese Infektionskrankheit eine dauernd lauernde Gefahr darstellt (Ilunga Kalenga et al. 2019). Ein wichtiger Meilenstein in der Bekämpfung von Ebolafieber war kürzlich die Zulassung des ersten Ebola-Impfstoffs (PEI 2019). Somit können nun Menschen in Risikogebieten geimpft werden, was helfen wird, erneute Ausbrüche einzudämmen.

Genetische Analysen der Virusstämme aus der Epidemie 2013–2016 deuten darauf hin, dass das Virus nicht mehrfach vom Tier auf Menschen übergesprungen ist, sondern wahrscheinlich durch ein einzelnes Ereignis übertragen wurde. Die genaue Ursache, d. h. die Frage wie sich die erste Person infiziert hat, ein 2 Jahre alter Junge aus einem Dorf in Guinea, ließ sich nicht eindeutig rekonstruieren, jedoch jagten einige der Dorfbewohner regelmäßig **Fledermäuse** (Marí Saéz et al. 2015). Es wird geschätzt, dass 75 % aller Viren, die menschliche Infektionen verursachen, ihren Ursprung in Tieren haben (Wang and Anderson 2019). Fledermäuse haben dabei eine besondere Bedeutung, da sie eine große Anzahl von Viren in sich tragen, auch eine Vielzahl von **Coronaviren** (Corman et al. 2018). Leider ist bei solchen **Spillover** Ereignissen die genaue Rekonstruktion des Übertragungsereignisses sehr schwierig, da diese Untersuchungen meist mit zeitlichem Verzug starten und es häufig unmöglich ist, genau das Tier zu finden, von dem die Übertragung ausging. Aus diesem Grund konnte für keine der bisherigen Ausbrüche von **Ebolafieber** die Übertragung durch Fledermäuse zweifelsfrei bewiesen werden, auch wenn dies sehr wahrscheinlich ist (Subudhi et al. 2019). Eine Übertragung bedarf aber Kontakt in irgendeiner Form ggfs. über andere Tiere als sog. Zwischenwirte. In einigen Gebieten Zentralafrikas ist diese Kontaktrate sehr hoch, z. B. durch die Jagd und direkten Verzehr der Beute, Übernachtungen in Fledermaus-Höhlen oder den Verzehr von Früchten, die bereits von Fledermäusen angefressen waren (Baudel et al. 2019).

6.2 AIDS

1981 trat in Amerika eine neue Krankheit auf, die später **Acquired Immune Deficiency Syndrome (AIDS)** genannt wurde. In den Anfangszeiten waren es vor allem homosexuelle junge Männer, die erkrankten. Es breitete sich rasch die Angst in der Szene aus und die Krankheit wurde fälschlicherweise Schwulen-Seuche genannt. Es dauerte bis 1983, bis der Erreger identifiziert wurde, das Retrovirus **humanes Immundefizienz-Virus (HIV).** Nachdem diagnostische Methoden entwickelt wurden, zeigte sich rasch, dass es sich um eine weltweite Pandemie handelte. Die Fallzahlen stiegen rasant an. Die Patienten verstarben an gewöhnlichen Bakterien oder Pilzen, die im Normalfall auf unseren Körperoberflächen leben und keine Krankheiten verursachen (Greene 2007) oder an ansonsten wenig pathogenen Parasiten. Seit Beginn haben sich ca. 80 Mio. Menschen infiziert, und ca. 35 Mio. sind seitdem an AIDS gestorben.

Das **HIV** hat bestimmte Besonderheiten, die es dem Immunsystem unmöglich machen, den Erreger zu besiegen. Das Virus befällt bestimmte Immunzellen, darunter **T-Helferzellen.** Diese Zellen koordinieren im gesunden Zustand die Immunabwehr gegen Krankheitserreger. Die T-Helferzellen werden durch die Virusvermehrung nach und nach zerstört. Dazu hat dieses Retrovirus die Fähigkeit, sich in das Genom unserer Körperzellen zu integrieren. Dabei wird das vollständige Virusgenom in unsere DNA eingelagert (Abb. 6.3). Dieses Stadium

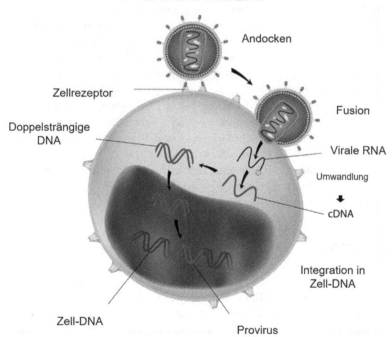

Abb. 6.3 Eintritt von HIV in eine T-Zelle und Integration der Virus-DNA in das Genom der Zelle. (Quelle: Adobe Stock, Dateinr.: 165662711, modifiziert)

wird **Provirus** genannt. Die so infizierten Zellen werden nicht vom Immunsystem erkannt, da das Virus sich als DNA im Zellkern „versteckt". Nach Monaten oder Jahren kann dieses Provirus wieder reaktiviert werden, indem die Produktion von Virusproteinen beginnt und sich in der Zelle neue Viruspartikel bilden. HIV befällt auch sog. Gedächtniszellen des Immunsystems. Das sind ruhende Zellen mit hoher Lebensdauer, wodurch sich HIV selbst nach Jahren der Therapie wieder im Körper vermehren kann (Delannoy et al. 2019). Die **antivirale Therapie** ist, neben der Aufklärung und der Prävention z. B. durch Kondome, das wichtigste Mittel im Kampf gegen AIDS. Seit 1996 steht eine antivirale Mehrkomponenten-Therapie zur Verfügung, die sog. **HAART**. Diese Therapie leitete die einst tödliche Krankheit in eine chronische Krankheit über, mit der die betroffenen Menschen jahrzehntelang leben können (Greene 2007).

6.3 Zika

Das **Zika-Fieber** ist erst 2016 einer breiten Öffentlichkeit bekannt geworden. Das durch **Stechmücken** (*Aedes* spp., Abb. 6.4) übertragene Zika-Virus verursacht

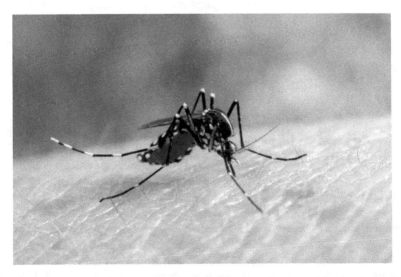

Abb. 6.4 *Aedes aegypti*-Stechmücke beim Blutsaugen. (Quelle: Adobe Stock, Dateinr.: 180774064)

u. a. Fieber, Hautausschlag und Gelenkschmerzen. Der Grund für die erhöhte Aufmerksamkeit waren erste Verknüpfungen mit Fehlgeburten und Fehlbildungen bei Neugeborenen in Brasilien (WHO 2018). Dieser neue Aspekt in Verbindung mit den massiven Reiseaktivitäten während der **Olympischen Spiele** in Brasilien führten zu einer Art Hysterie. Es wurde befürchtet, dass sich das **Zika-Virus** von den Olympischen Spielen aus auf der ganzen Welt ausbreiten würde. Zahlreiche Ärzte und Wissenschaftler richteten sich an die Veranstalter mit dem Appell, die Olympischen Spiele zu verlegen (Westdeutscher Rundfunk Köln 2016). Letztlich wurden die Sicherheitsmaßnahmen verschärft, z. B. durch eine intensive Bekämpfung der Stechmücken, um den Schutz der Besucher zu gewährleisten. Die weltweite Pandemie blieb aus.

Das **Zika-Virus** war damals aber nicht unbekannt. Das Virus wurde erstmalig 1947 in Uganda in einem sog. Sentinel-Affen gefunden, einem Tier, das zum Zwecke des Monitorings anderer Infektionskrankheiten in einem Käfig gehalten wurde. Viele Jahre zirkulierte das Virus in zwischen **Stechmücken** und Primaten und verursachte nur sporadisch wenige Infektionen beim Menschen. Anfang des 21. Jahrhunderts verursachte das Zika-Virus die ersten **Ausbrüche** auf Inseln im südlichen Pazifik. Das Zika-Virus gelangte dann in 2015 nach Brasilien und breitete sich in Süd- und Mittelamerika aus (Musso und Gubler 2016). Derzeit gibt es 86 Länder, in denen eine Übertragung des Zika-Virus bestätigt wurde (WHO 2018).

6.4　SARS

Im Jahre 2002 gab es in China die ersten Fälle einer neuen Lungenkrankheit, des **Severe Acute Respiratory Syndrome (SARS)**. Nach den ersten Meldungen vergingen einige Monate, bis die WHO weitere Informationen aus China erhielt, inklusive der Fallzahlen. Für diese mangelnde Kommunikationspolitik wurde die chinesische Regierung damals heftig kritisiert. Zunächst war unklar, welcher Erreger für diese Krankheit verantwortlich war. Ein deutscher Wissenschaftlicher, Prof. Dr. Christian Drosten, der heutzutage allen Lesern als führender Experte in der **COVID-19** Pandemie bekannt sein dürfte, identifizierte zusammen mit seinen Kollegen den Erreger als ein neues **Coronavirus** (Drosten et al. 2003). Coronaviren waren zu diesem Zeitpunkt als Erreger von Erkältungskrankheiten bekannt, die uns vorwiegend in der kalten Jahreszeit heimsuchen (Kahn und Macintosh 2005). Der SARS-Erreger war jedoch kein gewöhnliches Erkältungsvirus. Es traten in den Jahren 2002–2003 insgesamt 8096 Fälle mit 774 Toten auf. Die komplizierten klinischen Verläufe und die hohe Fallsterblichkeitsrate waren

besorgniserregend. Die Regierungen und Behörden reagierten damals massiv mit
den klassischen Mittel der Infektionskontrolle, u. a. Isolierung von Kranken und
Quarantäne von Kontakten. SARS verschwand dann im Sommer 2003. Die Kosten
der Bekämpfung von SARS wurden auf ca. 30 Mrd. US$ geschätzt (Chan-Yeung
und Xu 2003).

Bei neuen **Seuchen,** die auf Tröpfchen- oder Aerosol-Übertragung basieren,
gibt es zunächst immer ein und dieselbe Risikogruppe, und das ist das medizinische Fachpersonal. Bei **SARS** gehörten über 20 % der Fälle zu dieser Gruppe
(Peeri et al. 2020). **COVID-19** zeigte zu Beginn deutliche Parallelen. Zum Beispiel betrafen in Spanien in der Frühphase der Pandemie ca. 4000 von damals
40.000 Infektionen diese Personengruppe.

Wie bei vielen anderen neu auftretenden Erkrankungen ist bei **SARS** auch die
Frage nach dem Ursprung wichtig, um ein vollständiges Bild von der epidemiolo-
gischen Gefahr zu bekommen und zukünftige Ausbrüche antizipieren zu können.
Genetische Analysen, selbst der herkömmlichen Erkältungs-**Coronaviren,** deu-
ten stark auf einen Ursprung in **Fledermäusen** hin und teilweise auf Nagetiere.
Dabei sind z. T. auch andere Tiere als sog. Zwischenwirte auf dem Weg der
Viren von der Fledermaus bis zum Menschen beteiligt (Corman et al. 2018).
Auch Hauskatzen konnten sich mit dem SARS-Virus infizieren. Weltweit werden aber ausschließlich Katzen vom sogenannten **Felinen Coronavirus** befallen,
der die häufigste Todesursache bei Katzen ist. In der Anfangszeit wurden **Zibet-
Katzen** als Reservoir des **SARS**-Virus vermutet, da diese Tiere auf dem Markt,
in dem das Ausbruchsgeschehen seinen Lauf nahm, positiv auf das SARS-Virus
getestet wurden. Erst Jahre später wurden SARS-ähnliche Viren in **Fledermäusen** gefunden und genetische Analysen zeigten, dass die SARS-Viren selbst noch
mit der Anpassung an die Zibet-Katzen beschäftigt waren, was nicht auf eine
lange Koexistenz mit dem Virus hindeutete. Dabei war der **Spillover** von SARS
vermutlich kein einmaliges Ereignis wie bei der großen **Ebolafieber**-Epidemie,
sondern es gab scheinbar mehrfache Kontakte und unerkannte Übertragungen auf
den Menschen in dem Jahr zuvor und auch danach (Graham et al. 2013).

6.5   Aktuelle Pandemie: COVID-19

Im Dezember 2019 gab es in der Millionen-Metropole Wuhan in China die ersten Patienten, die eine neue ungewöhnliche Lungenkrankheit aufwiesen (Xu et al.
2020). Anfang Januar wurde ein neues **Coronavirus** als Ursache nachgewiesen,
SARS-CoV-2. Die Schnelligkeit dieses Erfolgs war sicherlich durch die diagnostischen Fortschritte bedingt, u. a. durch den SARS-Ausbruch. Obwohl China

mit harten **Quarantäne**-Maßnahmen in der Region versuchte, die Ausbreitung zu verhindern, hatte das Virus bereits die Landesgrenzen überschritten und breitete sich mit einer hohen Geschwindigkeit auf der ganzen Welt aus. Zum Zeitpunkt des Schreibens dieses Buchs (Stand 05.01.2021) waren weltweit ca. 86 Mio. Infektionen labordiagnostisch bestätigt, mit über 1,8 Mio. Todesfällen (CSSE 2021).

Die meisten Länder reagierten im Frühjahr 2020 mit sog. **Lockdowns** in unterschiedlicher Ausgestaltung, Strenge und Dauer. Diese flächendeckenden Maßnahmen waren für viele Menschen in Industrienationen völlig neu. Die zahlreichen vorübergehenden Schließungen verschiedenster Wirtschaftszweige stellten zudem eine enorme Herausforderung für die Wirtschaft dar. Die Beispiele von Regionen, in denen die frühe Viruszirkulation nicht erkannt oder nicht mit den notwendigen Bekämpfungsmaßnahmen eingedämmt wurde, wie Norditalien und New York, zeigen, was uns in vielen Städten und Regionen gedroht hätte, sofern nicht die beispiellosen Maßnahmen durch die Regierungen ergriffen worden wären.

Ein wichtiger Aspekt der ersten Welle von **COVID-19** ist, dass Deutschland bezüglich der absoluten Fallzahlen und der Todesfälle im Vergleich zu anderen europäischen Ländern vergleichsweise gut abschnitt. Dies hatte neben den etablierten Prozessen zur Seuchenabwehr und der Qualität des deutschen Gesundheitssystems sicherlich auch mit der blitzschnellen Entwicklung einer diagnostischen Methode zu tun. Es war erneut die Forschungsgruppe um Prof. Dr. Christian Drosten, die frühzeitig einen **PCR-basierten Nachweis** von **SARS-CoV-2** entwickelte (Corman et al. 2020). Dies versetzte Deutschland in die Lage, Verdachtsfälle sofort zu testen. In vielen anderen Regionen, die in der Anfangszeit über keinen breitflächig einsetzbaren diagnostischen Test verfügten, breitete sich das Virus deutlich stärker aus.

Die zwischenzeitliche immense Kritik an diesem Nachweisverfahren ist nicht gerechtfertigt. Die zunächst 5 % falsch-positiven Ergebnisse müssen mit weiteren Diagnose-Methoden geklärt werden. Außerdem war und wird es nie die Aufgabe einer PCR sein, die **Infektiösität** eines Menschen zu messen oder die Frage zu klären, ob dieser krank ist. Kritiker argumentieren, dass die gerade neu verfügbaren Antigen-Schnelltests die Infektiösität eines Menschen anzeigen und das ist leider falsch. Keine diagnostische Methode misst die Infektiösität eines Menschen, auch wenn die Ergebnisse der Antigen-Tests dichter an das Konzept der Infektiösität herankommen. Selbst wenn man die Patientenprobe auf empfängliche Zellkulturen geben und zeigen würde, dass sich das Virus vermehrt, wäre dies (neben der Tatsache, dass dieses Verfahren viel zu aufwendig ist) kein

Beweis, dass die Virusmenge in der Patientenprobe ausreicht, um andere Menschen anzustecken. Diagnostische Methoden sollen helfen, herauszufinden, wer den Erreger bzw. Teile davon in sich trägt und unterstützten den Arzt bei der Diagnose. Bei **COVID-19** geht es aber nicht primär um eine ärztliche Diagnose, um eine Behandlung einleiten zu können, sondern darum, die starke Ausbreitung zu verhindern, bis andere Mittel wie z. B. **Impfstoffe** verfügbar sind.

COVID-19 wird vielfach mit der **Grippe** verglichen. Allerdings hinkt dieser Vergleich, besonders bei einer Gegenüberstellung der Fallsterblichkeitsrate. Im Fall der Grippe haben wir in der Bevölkerung zwar keinen vollständigen, jedoch einen teilweisen Schutz aufgrund von vorherigen Erkrankungen und regelmäßigen Impfungen. Im Fall von COVID-19 wurde eine immunologisch ungeschützte Bevölkerung getroffen, und zudem breitet sich **SARS-CoV-2** schneller aus als die Grippeviren. Aus dieses Gründen sterben weltweit jährlich „nur" durchschnittlich knapp 400.000 Menschen an Grippe (Paget et al. 2019), während trotz massiver Maßnahmen bereits über 1,8 Mio. Menschen in ca. 12 Monaten an COVID-19 gestorben sind. Damit ist COVID-19 für das Jahr 2020 die tödlichste Infektionskrankheit, noch vor der Tuberkulose. Der deutsche Virologe Prof. Dr. Hendrik Streeck, der ebenfalls zu den führenden Experten in der COVID-19-Pandemie gehört, schätzte ein Fallsterblichkeitsrate von COVID-19 von ca. 0,36 %. Andere Schätzungen liegen bei 0,8 %. Jeder der einen Taschenrechner hat, kann selbst ausrechnen, was dies für die Weltbevölkerung bedeutet hätte, sofern keine Maßnahmen ergriffen worden wären und sich die Hälfte aller Menschen im ersten Jahr infiziert hätte. Deswegen ist unser Fazit: Sofern **COVID-19** nicht durch beispiellose Maßnahmen vieler, aber leider nicht aller Regierungen eingedämmt worden wäre, hätte sich COVID-19 nach der **Spanischen Grippe,** bezogen auf einen Zeitraum von 12 Monaten, zu dem zweittödlichsten Ereignis in der Menschheitsgeschichte entwickelt, vermutlich mit Todeszahlen im zweistelligen Millionenbereich.

Der Vektorimpfstoff **Sputnik V** vom Gamaleya-Institut war in Russland der erste zugelassene Impfstoff überhaupt, obwohl die klinischen Phasen nicht abgeschlossen waren. Somit war dies eher eine Notfallzulassung, und es bestanden Zweifel bezüglich der Wirksamkeit und Sicherheit. Allerdings sind die ersten Ergebnisse aus diesen Studien scheinbar vielversprechend. Eine Top-Meldung im Kampf gegen **COVID-19** waren im November 2020 erste sehr gute Wirksamkeitsdaten der klinischen Phase III-Studien von zwei Impfstoffkandidaten der Firmen BioNTech (in Kooperation mit Pfizer) und Moderna, die auf der neuartigen **mRNA-Technologie** basieren. Kurze Zeit darauf folgten ermutigende Daten eines **Vektorimpfstoffs** von AstraZeneca. Diese Ergebnisse kamen in ihrer Effektivität für viele unerwartet und könnten einen Meilenstein markieren. Die Impfstoffe wurden in den ersten Regionen wie z. B. in den USA und der europäischen Union bereits ab Dezember 2020 zugelassen (je nach Region als Notfallzulassung bzw. bedingte Zulassung). Trotzdem müssen weitere Daten ausgewertet werden, um die Wirksamkeit und die Sicherheit über einen längeren Zeitraum bewerten zu können.

Im Endergebnis wird **COVID-19** ab 2021 hoffentlich mit weiteren Impfstoff-Zulassungen und langsam steigenden Impfquoten nach und nach einen Großteil seines Schreckens verlieren.

Infektionskrankheiten sind seit vielen Jahrtausenden ein ständiger Begleiter der Menschheit. Einige dieser Seuchen verursachten unfassbar viel Leid und Zerstörung. Familien, ja ganze Stadtgemeinschaften und Völker wurden ausgelöscht oder massiv dezimiert. Die Konsequenz waren z. B. Machtverschiebungen zwischen dem Adel und dem Rest der Bevölkerung. Auch der Ausgang vieler Kriege wurde von Infektionskrankheiten beeinflusst. Wenn wir Revue passieren lassen, dass die vorgestellten Infektionskrankheiten nicht in zeitlich getrennten Epochen auftraten, sondern häufig gleichzeitig wüteten, können wir nur erahnen, wie viel Leid diese Schrecken damals über die Bevölkerung brachten. So fielen ein Sohn und die Ehefrau von **Edward Jenner,** der versuchte durch eine Impfung die **Pocken** zu besiegen, der **Tuberkulose** zum Opfer (Riedel 2005). Zudem erkrankte Jenner Jahre vor seiner großartigen Entdeckung an **Typhus** und durchlief eine lange Genesungsphase (Smith 2011).

Mit einer grundsätzlich besseren **Hygiene** und medizinischen Versorgung sowie stetigen Verbesserungen der Lebensstandards in vielen Regionen, aber auch wissenschaftlichen Fortschritten wie die Entwicklung von **Antibiotika** und **Impfstoffen,** schien es zum Ende des 20. Jahrhunderts fast so, als ob wir Menschen endgültig die Oberhand gewonnen hätten. Viele gefährliche Seuchen wurden zurückgedrängt oder, wie die **Pocken,** sogar vollständig ausgerottet. Die letzten Jahrzehnte haben jedoch durch die Entdeckung von **AIDS** bis hin zur aktuellen **COVID-19** Pandemie gezeigt, wie zerbrechlich diese Errungenschaften sind. Problematisch sind sinkende Impfquoten, die zu einem Wiederaufflammen von Seuchen führen, Veränderungen der Erreger, die bestehende Gegenmittel unterwandern, wie z. B. multiresistente Bakterienarten, die Bildung neuer Virustypen in Tieren und der anschließende Sprung auf den Menschen, der **Klimawandel,** der das Eindringen von alten Infektionskrankheiten in neue Gebiete fördert oder

P. U. B. Vogel und G. A. Schaub, *Seuchen, alte und neue Gefahren*, essentials, https://doi.org/10.1007/978-3-658-32953-2_7

die massive Globalisierung, die neue Erreger in Windeseile auf der ganzen Welt verbreitet. Es gibt viele Herausforderungen, die in Zukunft zu meistern sind, um diese Gefahren unter Kontrolle zu halten. Neben Konzepten zur Abmilderung von Schäden nach dem Entstehen und der frühen Ausbreitung, wie z. B. klassische Methoden der Identifizierung und Isolierung von Kranken, Screening, Kontaktreduzierung oder neuer Ansätze wie Apps zur Kontaktnachverfolgung, sollten hier auch **präventive Maßnahmen** im Vordergrund stehen. Zum Beispiel ist das fortschreitende Eindringen in die Lebensräume von Wildtieren ein ernstes Problem, das kontinuierlich weiter zunimmt. Mit der Schaffung von Alternativen für die Bewohner dieser Gegenden könnte diesem Trend entgegengewirkt werden, was allerdings umfangreiche Finanzierungshilfen sowie eine internationale Kooperation erfordert.

Was der Leser aus diesem *essential* mitnehmen kann

- Infektionskrankheiten wurden zweitweise als bedeutungslos eingeschätzt, erleben in den letzten Jahrzehnten jedoch wieder eine zunehmende Bedeutung.
- Während in früheren Jahrhunderten verschiedene bakterielle Infektionskrankheiten dominierten, sind es heutzutage vor allem virale Seuchen, die im Vordergrund stehen.
- Parasitäre Erkrankungen sind nach wie vor ein großes Problem, vorwiegend in Tropengebieten.
- Neue Seuchen entstehen häufig durch den vermehrten Kontakt zu Wildtieren durch sog. Spillover-Ereignisse.
- Die derzeitige COVID-19 Pandemie hat gezeigt, dass auch die moderne Seuchenbekämpfung ihre Grenzen hat.

Literatur

Aimone F (2010) The 1918 influenza epidemic in New York City: a review of the public health response. Public Health Rep 125:71–79; https://doi.org/10.1177/00333549101250S310

Akin L, Gözel MG (2020) Understanding dynamics of pandemics. Turk J Med Sci 50:515–519; https://doi.org/10.3906/sag-2004-133

Aligne CA (2016) Overcrowding and mortality during the influenza pandemic of 1918. Am J Public Health 106:642–644; https://doi.org/10.2105/AJPH.2015.303018

Ambrose CT (2005) Osler and the infected letter. Emerg Infect Dis 11:689–693; https://doi.org/10.3201/eid1105.040616

Arita I, Breman JG (1979) Evaluation of smallpox vaccination policy. Bull World Health Organ 57:1–9

Barberis I, Bragazzi NL, Galluzzo L et al. (2017) The history of tuberculosis: from the first historical records to the isolation of Koch's bacillus. J Prev Med Hyg 58:E9–E12

Baudel H, De Nys H, Mpoudi Ngole E et al. (2019) Understanding Ebola virus and other zoonotic transmission risks through human-bat contacts: exploratory study on knowledge, attitudes and practices in Southern Cameroon. Zoonoses Public Health 66:288–295; https://doi.org/10.1111/zph.12563

Beatty NL, Klotz SA (2020) Autochthonous Chagas disease in the United States: how are people getting infected? Am J Trop Med Hyg 103:967–969; https://doi.org/10.4269/ajtmh.19-0733

Bramanti B, Dean KR, Walløe L et al. (2019) The third plague pandemic in Europe. Proc Biol Sci 286:20182439; https://doi.org/10.1098/rspb.2018.2429

Brathwaite Dick O, San Martin JL, Montoya RH et al. (2012) The history of dengue outbreaks in the Americas. Am J Trop Med Hyg 87:584–593; https://doi.org/10.4269/ajtmh.2012.11-0770

Brooks J (1996) The sad and tragic life of Typhoid Mary. Can Med Ass J 154:915–916

Bruce-Chwatt LJ (1981) Alphonse Laveran's discovery 100 years ago and today's global fight against malaria. J R Soc Med 74:531–536

Bryant JE, Holmes EC, Barrett ADT (2007) Out of Africa: a molecular perspective on the introduction of yellow fever virus into the Americas. PLoS Pathog 3:e75; https://doi.org/10.1371/journal.ppat.0030075

Büscher P, Bart JM, Boelaert M et al. (2018) Do cryptic reservoirs threaten gambiense-sleeping sickness elimination? Trends Parasitol 34:197–207; https://doi.org/10.1016/j.pt.2017.11.008

CDC (2004) 150th anniversary of John Snow and the pump handle. https://www.cdc.gov/MMWR/preview/mmwrhtml/mm5334a1.htm. Zugegriffen am 12.11.2020

CDC (2016) Smallpox signs and symptoms. https://www.cdc.gov/smallpox/symptoms/index.html. Zugegriffen am 12.11.2020

CDC (2019) Epidemiology and prevention of vaccine-preventable diseases. Diphtheria. https://www.cdc.gov/vaccines/pubs/pinkbook/dip.html. Zugegriffen am 16.11.2020

CDC (2020a) History of quarantine. https://www.cdc.gov/quarantine/historyquarantine.html. Zugegriffen am 13.11.2020

CDC (2020b) Yellow fever vaccine. https://www.cdc.gov/yellowfever/vaccine/index.html. Zugegriffen am 20.11.2020

Chan-Yeung M, Xu RH (2003) SARS: epidemiology. Respirology 8:9–14; https://doi.org/10.1046/j.1440-1843.2003.00518.x

Chouikha I, Hinnebusch BJ (2014) Silencing urease: a key evolutionary step that facilitated the adaptation of *Yersinia pestis* to the flea-borne transmission route. Proc Natl Acad Sci U S A 111:18709–18714; https://doi.org/10.1073/pnas.1413209111

Coltart CEM, Lindsey B, Ghinai I et al. (2017) The ebola outbreak, 2013–2016: old lessons for new epidemics. Philos Trans R Soc Lond B Biol Sci 372:20160297; https://doi.org/10.1098/rstb.2016.0297

Conceição-Silva F, Morgado FN (2019) *Leishmania* spp-host interaction: there is always an onset, but is there an end? Front Cell Infect Microbiol 9:330; https://doi.org/10.3389/fcimb.2019.00330

Corman VM, Muth D, Niemeyer D et al. (2018) Hosts and sources of endemic human coronaviruses. Adv Virus Res 100:163–188; https://doi.org/10.1016/bs.aivir.2018.01.001

Corman VM, Landt O, Kaiser M et al. (2020) Detection of 2019 novel coronavirus (2019-nCoV) by real-time RT-PCR. Eurosurveillance 25:2000045; https://doi.org/10.2807/1560-7917.ES.2020.25.3.2000045

CSSE (2021) Coronavirus 2019-nCoV global cases by Johns Hopkins CSSE. https://gisanddata.maps.arcgis.com/apps/opsdashboard/index.html#/bda7594740fd40299423467b48e9ecf6. Zugegriffen am 05.01.2021

Dean KR, Krauer F, Walløe L et al. (2018) Human ectoparasites and the spread of plague in Europe during the second pandemic. Proc Natl Acad Sci U S A 115:1304–1309; https://doi.org/10.1073/pnas.1715640115

Delannoy A, Poirier M, Bell B (2019) Cat and mouse: HIV transcription in latency, immune evasion and cure/remission strategies. Viruses 11:269; https://doi.org/10.3390/v11030269

Douam F, Ploss A (2018) Yellow fever virus: knowledge gaps impeding the fight against an old foe. Trends Microbiol 26:913–928; https://doi.org/10.1016/j.tim.2018.05.012

Drosten C, Günther S, Preiser W et al. (2003) Identification of a novel coronavirus in patients with severe acute respiratory syndrome. N Engl J Med 348:1967–1976; https://doi.org/10.1056/NEJMoa030747

Federspiel F, Ali M (2018) The cholera outbreak in Yemen: lessons learned and way forward. BMC Public Health 18:1338; https://doi.org/10.1186/s12889-018-6227-6

Focus Online (2015) Pocken: Eine der fiesesten biologischen Waffen wird im Labor nachgezüchtet. https://www.focus.de/wissen/natur/katastrophen/die_schlimmsten_katastrop

hen_der_menschheit/serie-die-schlimmsten-katastrophen-der-menschheit-pocken-die-biologische-waffe-des-18-jahrhunderts_id_4609139.html. Zugegriffen am 13.11.2020

Fonseca JC (2010) History of viral hepatitis. Rev Soc Bras Med Trop 43:322–330; https://doi.org/10.1590/s0037-86822010000300022

Franco JR, Simarro PP, Diarra A et al. (2014) Epidemiology of human African trypanosomiasis. Clin Epidemiol 6:257–275; https://doi.org/10.2147/CLEP.S39728

Frantz PN, Teeravechyan S, Tangy F (2018) Measles-derived vaccines to prevent emerging viral diseases. Microbes Infect 20:493–500; https://doi.org/10.1016/j.micinf.2018.01.005

Glatter JA, Finkelman P (2020) History of the plague: an ancient pandemic for the age of COVID-19. Am J Med 24:S0002–9343(20)30792–0; https://doi.org/10.1016/j.amjmed.2020.08.019

Gonzalez RJ, Miller VL (2016) A deadly path: bacterial spread during bubonic plague. Trends Microbiol 24:239–241; https://doi.org/10.1016/j.tim.2016.01.010

Graham RL, Donaldson EF, Baric RS (2013) A decade after SARS: strategies for controlling emerging coronaviruses. Nat Rev Microbiol 11:836–848; https://doi.org/10.1038/nrmicro3143

Greene WC (2007) A history of AIDS: looking back to see ahead. Eur J Immunol 1:S94–102; https://doi.org/10.1002/eji.200737441

Greenwood B (2014) The contribution of vaccination to global health: past, present and future. Philos Trans R Soc Lond B Biol Sci 369:20130433; https://doi.org/10.1098/rstb.2013.0433

Griffin DE (2016) The immune response in measles: virus control, clearance and protective immunity. Viruses 8:282; https://doi.org/10.3390/v8100282

Gubler DJ, Clark GG (1995) Dengue/dengue hemorrhagic fever: the emergence of a global health problem. Emerg Infect Dis 1:55–57; https://doi.org/10.3201/eid0102.952004

Guerra FM, Bolotin S, Lim G et al. (2017) The basic reproduction number (R_0) of measles: a systematic review. Lancet Infect Dis 17:e420–e428; https://doi.org/10.1016/S1473-3099(17)30307-9

Harbeck M, Seifert L, Hänsch S et al. (2013) *Yersinia pestis* DNA from skeletal remains from the 6th century AD reveals insights into Justinianic plague. PLoS Pathog 9:e1003349; https://doi.org/10.1371/journal.ppat.1003349

Harris JB, LaRocque RC, Qadri F et al. (2012) Cholera. Lancet 379:2466–2476; https://doi.org/10.1016/S0140-6736(12)60436-X

Hu B, Huang S, Yin L (2020) The cytokine storm and COVID-19. J Med Virol 27: https://doi.org/10.1002/jmv.26232; https://doi.org/10.1002/jmv.26232

Ilunga Kalenga O, Moeti M, Sparrow A et al. (2019) The ongoing Ebola epidemic in the Democratic Republic of Congo, 2018–2019. N Engl J Med 381:373–383; https://doi.org/10.1056/NEJMsr1904253

Institute of Medicine (US) (2004) Committee on the Economics of Antimalarial Drugs; Arrow KJ, Panosian C, Gelband H (eds) Saving lives, buying time: economics of Malaria drugs in an age of resistance. Vol 5. A brief history of Malaria. National Academies Press (US), Washington (DC). https://www.ncbi.nlm.nih.gov/books/NBK215638/. Zugegriffen am 20.11.2020

Kahn JS, McIntosh K (2005) History and recent advances in coronavirus discovery. Pediatr Infect Dis J 24:223–227; https://doi.org/10.1097/01.inf.0000188166.17324.60

Kerrod E, Geddes AM, Regan M et al. (2005) Surveillance and control measures during smallpox outbreaks. Emerg Infect Dis 11:291–297; https://doi.org/10.3201/eid1102. 040609

Kiang KM, Krathwohl MD (2003) Rates and risks of transmission of smallpox and mechanisms of prevention. J Lab Clin Med 142:229–238; https://doi.org/10.1016/S0022-214 3(03)00147-1

Kingsley RA, Langridge G, Smith SE et al. (2018) Functional analysis of *Salmonella* Typhi adaptation to survial in water. Environ Microbiol 20:4079–4090; https://doi.org/10.1111/ 1462-2920.14458

Kuhn KG, Campbell-Lendrum DH, Armstrong B et al. (2003) Malaria in Britain: past, present, and future. Proc Natl Acad Sci U S A 100:9997–10001; https://doi.org/10.1073/pnas.123 3687100

Lidani KCF, Andrade FA, Bavia L et al. (2019) Chagas disease: from discovery to a worldwide health problem. Front Public Health 7:166; https://doi.org/10.3389/fpubh.2019.00166

Liu Q, Zhou YH, Yang ZQ (2016) The cytokine storm of severe influenza and development of immunomodulatory therapy. Cell Mol Immunol 13:3–10; https://doi.org/10.1038/cmi. 2015.74

Luca S, Mihaescu T (2013) History of BCG vaccine. Maedica (Bucharest) 8:53–58

Maier WA (2004) Das Verschwinden des Sumpffiebers in Europa: Zufall oder Notwendigkeit? https://www.zobodat.at/pdf/DENISIA_0013_0515-0527.pdf. Zugegriffen am 28.11.2020

Marineli F, Tsoucalas G, Karamanou M et al. (2013) Mary Mallon (1869-1938) and the history of typhoid fever. Ann Gastroenterol 26:132–134

Marí Saéz AM, Weiss S, Nowak K et al. (2015) Investigating the zoonotic origin of the West African Ebola epidemic. EMBO Mol Med 7:17–23; https://doi.org/10.15252/emmm.201 404792

Martinet JP, Ferté H, Failloux AB et al. (2019) Mosquitoes of North-Western Europe as potential vectors of arboviruses: a review. Viruses 11:1059; https://doi.org/10.3390/v11 111059

Martini M, Gazzaniga V, Bragazzi NL et al. (2019) The Spanish influenza pandemic: a lesson from history 100 years after 1918. J Prev Med Hyg 60:E64–E67; https://doi.org/10.15167/ 2421-4248/jpmh2019.60.1.1205

Messina JP, Brady OJ, Scott TW et al. (2014) Global spread of dengue virus types: mapping the 70 year history. Trends Microbiol 22:138–146; https://doi.org/10.1016/j.tim.2013.12.011

Minor PD (2015) Live attenuated vaccines: historical successes and current challenges. Virology 479–480:379–392; https://doi.org/10.1016/j.virol.2015.03.032

Morens DM, Taubenberger JK, Fauci AS (2008) Predominant role of bacterial pneumonia as a cause of death in pandemic influenza: implications for pandemic influneza preparedness. J Infect Dis 198:962–970; https://doi.org/10.1086/591708

Morens DM, Taubenberger JK (2018) The mother of all pandemics is 100 years old (and going strong)! Am J Public Health 108:1449–1454; https://doi.org/10.2105/AJPH.2018. 304631

Mühlebach MD (2017) Vaccine platform recombinant measles virus. Virus Genes 53:733–740; https://doi.org/10.1007/s11262-017-1486-3

Mugnier MR, Stebbins CE, Papavasiliou FN (2016) Masters of disguise: antigenic variation and the VSG coat in *Trypanosoma brucei*. PLoS Pathog 12:e1005784; https://doi.org/10. 1371/journal.ppat.1005784

Musso D, Gubler DJ (2016) Zika virus. Clin Microbiol Rev 29:487–524; https://doi.org/10.1128/CMR.00072-15

Nelson MI, Worobey M (2018) Origins of the 1918 pandemic: revisiting the swine „mixing vessel" hypothesis. Am J Epidemiol 187:2498–2502; https://doi.org/10.1093/aje/kwy150

Nickol ME, Kindrachuk J (2019) A year of terror and a century of reflection: perspectives on the great influenza pandemic of 1918–1919. BMC Infect Dis 19:117; https://doi.org/10.1186/s12879-019-3750-8

Okwor I, Uzonna J (2016) Social and economic burden of human leishmaniasis. Am J Trop Med Hyg 94:489–493; https://doi.org/10.4269/ajtmh.15-0408

Paget J, Spreeuwenberg P, Charu V et al. (2019) Global mortality associated with seasonal influenza epidemics: new burden estimates and predictors from the GLaMOR project. J Glob Health 9:020421; https://doi.org/10.7189/jogh.09.020421

Paneth N, Vinten-Johansen P, Brody H et al. (1998) A rivalry of foulness: official and unofficial investigations of the London cholera epidemic of 1854. Am J Public Health 88:1545–1553; https://doi.org/10.2105/ajph.88.10.1545

Peeri NC, Shrestha N, Rahman MS et al. (2020) The SARS, MERS and novel coronavirus (COVID-19) epidemics, the newest and biggest global health threats: what lessons have we learned? Int J Epidemiol 49:717–726; https://doi.org/10.1093/ije/dyaa033

PEI (2019) Weltweit erster Ebola-Impfstoff zugelassen. https://www.pei.de/DE/newsroom/hp-meldungen/2019/191113-erster-impfstoff-schutz-vor-ebola-zulassung-in-eu.html. Zugegriffen am 30.06.2020

Pharmazeutische Zeitung online (2008) Tuberkulose Ein globaler Gesundheitsnotfall. https://www.pharmazeutische-zeitung.de/ausgabe-292008/ein-globaler-gesundheitsnotfall/. Zugegriffen am 13.11.2020

Pigott DM, Bhatt S, Golding N et al. (2014) Global distribution maps of the leishmaniases. Elife 27: 3:e02851; https://doi.org/10.7554/eLife.02851

Riedel S (2005) Edward Jenner and the history of smallpox and vaccination. Proc (Bayl Univ Med Cent) 18:21–25; https://doi.org/10.1080/08998280.2005.11928028

RKI (2007) Reiseassoziiertes Dengue-Fieber in Deutschland 2001–2006. Epidemiologisches Bulletin Nr. 27

RKI (2018) Robert Koch: Der Mitbegründer der Mikrobiologie. https://www.rki.de/DE/Content/Institut/Geschichte/Robert_Koch.html. Zugegriffen am 10.11.2020

Sabbatani S (2006) Il tifo petecchiale. Storie di uomini,eserciti e pidocchi [Petechial typhus. History of men, armies and pedicula]. Infez Med 14:165–173

Sanche S, Lin YT, Xu C et al. (2020) High contagiousness and rapid spread of severe acute respiratory syndrome coronavirus 2. Emerg Infect Dis 26:1470–1477; https://doi.org/10.3201/eid2607.200282

Sánchez-Sampedro L, Perdiguero B, Mejías-Pérez E et al. (2015) The evoluation of poxvirus vaccines. Viruses 7:1726–1803; https://doi.org/10.3390/v7041726

Saraka D, Savin C, Kouassi S et al. (2017) *Yersinia enterocolitica*, a neglected cause of human enteric infections in Côte d'Ivoire. PLoS Negl Trop Dis 11:e0005216; https://doi.org/10.1371/journal.pntd.0005216

Schaub GA, Wunderlich (1985) Die Chagas-Krankheit. Biologie in unserer Zeit. 15:42–51. https://onlinelibrary.wiley.com/doi/10.1002/biuz.19850150206. Zugegriffen am 18.11.2020

Schaub GA, Meiser CK, Balczun C (2011) Interactions of *Trypanosoma cruzi* and triatomines. In: Mehlhorn H (ed) Parasitology research monographs. Vol. 2, Progress in parasitology. Springer-Verlag, Berlin, 155–178

Schaub GA, Vogel P, Balzcun C (2016) Parasite-vector interactions. In: Walochnik J, Duchêne M (eds) Molecular parasitology – protozoan parasites and their molecules. Springer-Verlag, Heidelberg, 431–489

Shin FC, Jeong SH (2018) Natural history, clinical manifestations, and pathogenesis of hepatitis A. Cold Spring Harb Perspect Med 8:a031708; https://doi.org/10.1101/cshperspect. a031708

Smith KA (2011) Edward Jenner and the small pox vaccine. Front Immunol 2:21; https://doi. org/10.3389/fimmu.2011.00021

Smith KA (2013) Smallpox: can we still learn from the journey to eradication? Indian J Med Res 137:895–899

Snow RW, Amratia P, Kabaria CW et al. (2012) The changing limits and incidence of malaria in Africa: 1939–2009. Adv Parasitol 78:169–262; https://doi.org/10.1016/B978-0-12-394 303-3.00010-4

Snyder JC (1947) Typhus fever in the Second World War. Calif Med 66:3–10

Spektrum (2014) Typhus – die vernachlässigte Slum-Krankheit. https://www.spektrum.de/ news/typhus-die-vernachlaessigte-slum-krankheit/1306888. Zugegriffen am 16.10.2020

Spyrou MA, Tukhbatova RI, Feldman M et al. (2016) Historical *Y. pestis* genomes reveal the European Black Death as the source of ancient and modern plague pandemics. Cell Host Microbe 19:874–881; https://doi.org/10.1016/j.chom.2016.05.012

Steverding D (2008) The history of African trypanosomiasis. Parasit Vectors 1:3; https://doi. org/10.1186/1756-3305-1-3

Steverding D (2017) The history of leishmaniasis. Parasit Vectors 10:82; https://doi.org/10. 1186/s13071-017-2028-5

Subudhi S, Rapin N, Misra V (2019) Immune system modulation and viral persistence in bats: understanding viral spillover. Viruses 11:192; https://doi.org/10.3390/v11020192

Succo T, Leparc-Goffart I, Ferré JB et al. (2016) Autochthonous dengue outbreak in Nîmes, South of France, July to September 2015. Eurosurveillance 21(21). https://doi.org/10. 2807/1560-7917.ES.2016.21.21.30240

Tagesspiegel (2014) Isolierstation in Liberia verwüstet: Mindestens 17 Kranke nach Angriff auf Ebola-Station auf der Flucht. https://www.tagesspiegel.de/gesellschaft/panorama/iso lierstation-in-liberia-verwuestet-mindestens-17-kranke-nach-angriff-auf-ebola-station- auf-der-flucht/10343848.html. Zugegriffen am 21.11.2020

Tagesspiegel (2018) Epidemien Der rätselhafte Tod der Janet Parker. https://www.tagesspie gel.de/wissen/epidemien-der-raetselhafte-tod-der-janet-parker/23094834.html. Zugegrif- fen am 05.11.2020

Torres-Guerrero E, Quintanilla-Cedillo MR, Ruiz-Esmenjaud J et al. (2017) Leishmaniasis: a review. F1000Research 6:750; https://doi.org/10.12688/f1000research.11120.1

Vitek CR, Wharton M (1998) Diphtheria in the former Soviet Union: reemergence of a pandemic disease. Emerg Infect Dis 4:539–550; https://doi.org/10.3201/eid0404.980404

Vogel PUB (2020a) COVID-19: Suche nach einem Impfstoff. Springer Spektrum: Wiesba- den; https://doi.org/10.1007/978-3-658-31340-1

Vogel PUB (2020b) Live viral vaccines – still frontrunners or obsolete? Ebook, Amazon Kindle. ASIN: B088557MFW

Vogel PUB, Schaub GA (2020) *Trypanosoma brucei* ssp. / sleeping sickness – shifted vantage point on parasite biology. ebook, Amazon Kindle, ASIN: B085RQXGTZ

Waleckx E, Suarez J, Richards B et al. (2014*) Triatoma sanguisuga* blood meals and potential for Chagas disease, Louisiana, USA. Emerg Infect Dis 20:2141–2143; https://doi.org/10.3201/eid2012.131576

Wang LF, Anderson DE (2019) Viruses in bats and potential spillover to animals and humans. Curr Opin Virol 34:79–89; https://doi.org/10.1016/j.coviro.2018.12.007

Webster RG, Govorkova EA (2014) Continuing challenges in influenza. Ann N Y Acad Sci 1323:115–139; https://doi.org/10.1111/nyas.12462

Westdeutscher Rundfunk Köln (2016) Angst vor Zika bei Olympischen Spielen übertrieben. https://www1.wdr.de/wissen/zikavirus-olympia-100.html#:~:text=Wissenschaftler%20der%20Yale%2DUniversit%C3%A4t%20in,Heimat%20nehmen%20und%20verbreiten%20w%C3%BCrden. Zugegriffen am 22.11.2020

WHO (2018) Zika virus. https://www.who.int/news-room/fact-sheets/detail/zika-virus. Zugegriffen am 22.11.2020

WHO (2019) Yellow fever. https://www.who.int/news-room/fact-sheets/detail/yellow-fever. Zugegriffen am 20.11.2020

WHO (2020a) Hepatitis data and statistics. https://www.euro.who.int/en/health-topics/communicable-diseases/hepatitis/data-and-statistics#:~:text=Worldwide%2C%20500%20million%20people%20are,it%20due%20to%20dormant%20symptoms. Zugegriffen am 18.11.2020

WHO (2020b) Cholera. https://www.who.int/health-topics/cholera#tab=tab_1. Zugegriffen am 17.11.2020

WHO (2020c) Tuberculosis. https://www.who.int/health-topics/tuberculosis#tab=tab_1. Zugegriffen am 17.11.2020

WHO (2020d) Hepatitis B. https://www.who.int/news-room/fact-sheets/detail/hepatitis-b. Zugegriffen am 18.11.2020

WHO (2020e) Dengue and severe dengue. https://www.who.int/news-room/fact-sheets/detail/dengue-and-severe-dengue. Zugegriffen am 17.11.2020

WHO (2020f) Human African trypanosomiasis (sleeping sickness). https://www.who.int/health-topics/human-african-trypanosomiasis#tab=tab_1. Zugegriffen am 19.11.2020

WHO (2020g) Malaria. https://www.who.int/news-room/fact-sheets/detail/malaria. Zugegriffen am 19.11.2020

WHO (2020h) Ebola virus disease. https://www.who.int/health-topics/ebola/#tab=tab_1. Zugegriffen am 21.11.2020

Wilton P (1993) Spanish flu outdid WWI in number of lives claimed. Can Med Ass J 148:2036–2037

Xu J, Zhao S, Teng T et al. (2020) Systematic comparison of two animal-to-human transmitted human coronaviruses: SARS-CoV-2 and SARS-CoV. Viruses 12:E244; https://doi.org/10.3390/v12020244

Yuan J, Li M, Lv G et al. (2020) Monitoring transmissibility and mortality of COVID-19 in Europe. Int J Infect Dis 95:311-315; https://doi.org/10.1016/j.ijid.2020.03.050

Zhai W, Wu F, Zhang Y et al. (2019) The immune escape mechanisms of *Mycobacterium tuberculosis*. Int J Mol Sci 20:340; https://doi.org/10.3390/ijms20020340

Zietz BP, Dunkelberg H (2004) The history of the plaque and the research on the causative agent *Yersinia pestis*. Int J Hyg Environ Health 207:165–178; https://doi.org/10.1078/1438-4639-00259